AF453433

Les
Différentes Cultures
du
CHRYSANTHÈME

VILMORIN-ANDRIEUX & CIE

Les

DIFFÉRENTES CULTURES

du

CHRYSANTHÈME

Avec une Introduction

par HENRY L. DE VILMORIN.

TROISIÈME ÉDITION

CHEZ VILMORIN-ANDRIEUX & CIE

4, Quai de la Mégisserie. Paris

1927

PRÉFACE

La faveur avec laquelle ont été accueillies les deux premières éditions des " DIFFÉRENTES CULTURES DU CHRYSANTHÈME ", rapidement épuisées, les nombreuses demandes de nos correspondants, concernant les procédés de multiplication, de culture, d'engrais, recommandés pour ces végétaux, nous ont engagés à en préparer une nouvelle édition ; mais les événements nous ont jusqu'ici obligés à différer cette publication.

Le plan général de l'ouvrage, complètement remanié et mis à jour, est l'exposé des méthodes nouvelles que nous employons pour l'obtention des plantes présentées aux expositions, et qui, à chacune de ces manifestations horticoles suscitent au plus haut point l'intérêt et l'admiration du public.

L'histoire, la physiologie du Chrysanthème ont été traités de façon si complète et si magistrale par le regretté M. HENRY L. DE VILMORIN dans l'INTRODUCTION que nous reproduisons, qu'il nous semblerait présomptueux d'ajouter quoi que ce soit à cette remarquable étude. — On y trouvera les détails les plus précis et les plus documentés sur l'origine de cette plante précieuse, ainsi que des notices sur la classification généralement adoptée.

Dans les chapitres qui suivent, nous exposons les divers modes de multiplication, les soins à donner aux plantes, tels que nous les appliquons, l'emploi raisonné des engrais, et les traitements à employer pour combattre les nombreux ennemis du Chrysanthème.

Pour agrémenter le texte et le compléter, de nombreuses illustrations, dessins d'après nature ou photographies, viennent y prendre place. Enfin des choix de variétés, parmi les plus recommandables pour les diverses destinations, permettront à l'amateur d'éviter les insuccès si décourageants, auxquels se heurtent souvent les débutants.

L'inépuisable mine qu'est le Chrysanthème offre au semeur, à l'amateur la joie de découvrir des infinies variétés de formes dans les coloris les plus divers, les plus chatoyants, qui ont fait la vogue de cette plante remarquable et qui la maintiennent toujours dans la haute faveur du public, dont l'intérêt est puissamment soutenu par l'attrait constamment renouvelé des nouveautés créées chaque année. — La mode, qui étend son domaine aussi sur les fleurs, par ses caprices inconstants et sa tyrannie, impose au semeur l'obligation de trouver les formes nouvelles, les nuances même, qu'il lui plaît d'imposer. — Et ce n'est pas l'un des moindres attraits de la culture, que l'obtention de la variété qui viendra couronner les efforts du chercheur.

Ainsi que nous le disons au début de ces lignes, nous avons eu pour but d'exposer, dans ce modeste traité, les enseignements d'une expérience déjà longue, afin d'en faire bénéficier nos lecteurs.

Notre but sera atteint si, comme nous l'espérons, cette troisième édition des " DIFFÉRENTES CULTURES DU CHRYSANTHÈME " leur permet d'obtenir de cette plante si captivante les joies qu'ils en attendent.

VILMORIN-ANDRIEUX & Cⁱᵉ

INTRODUCTION(*)

Comme les livres, les fleurs ont leurs destinées. Il s'en est trouvé une, simple herbe des champs, qui, née aux extrémités de l'Orient, a conquis lentement une gloire locale, puis transportée, à une date relativement récente, dans notre monde occidental, qui ne la soupçonnait pas, s'est emparée rapidement de l'attention et de la faveur générales, se taillant, vers le déclin de l'année, un ample domaine où elle règne sans rivale et sans conteste. C'est de cette nouvelle venue, accueillie avec tant d'empressement, choyée par tous, rapidement devenue la reine des fleurs de la saison, que je voudrais dire quelques mots.

Nous autres Européens, nous n'avons connu le Chrysanthème (pour l'appeler par son nom) que dans la phase glorieuse de sa carrière. Et cela est encore plus vrai des Américains. C'est dans l'Orient mystérieux, dans cette Chine, berceau de tant de découvertes mort-nées, que le Chrysanthème a pris naissance. C'est là qu'il a été introduit dans les jardins et a pris place au nombre des plantes ornementales modifiées et embellies par les soins de l'homme. Mais, comme l'art de l'imprimerie et comme celui de l'artillerie, le développement du Chrysanthème vers son type supérieur de beauté s'est arrêté à mi-chemin. Passé au Japon (ou pris par les Japonais à l'état sauvage, car les deux versions ont leurs partisans), le Chrysanthème s'est modifié, entre les mains de ce peuple artiste, avec une diversité de formes et une ampleur de fantaisie que n'avaient jamais rêvées leurs méthodiques voisins de l'Empire du Milieu. Mais c'est seulement lorsque, à la suite d'introductions répétées des formes japonaises, le Chrysanthème a éveillé l'attention des fleuristes européens, bientôt suivis dans la voie des améliorations progressives par ceux des États-Unis, que la plante

---

(*) Le Chrysanthème, Histoire et Physiologie, par Henry L. de Vilmorin (*Revue générale internationale*, Mars, 1896).

est parvenue, par bonds rapides et continus, à la perfection de
formes, de coloris et de taille que nous admirons aujourd'hui. C'est
chez nous qu'elle est devenue, non plus la fleur héraldique et
l'emblème du pouvoir souverain, comme au Japon, mais la fleur de
tous, depuis le plus riche jusqu'au plus humble, la fleur indispensable de l'arrière-saison, fleur des fêtes et fleur des deuils, trônant
dans son isolement quand toutes les autres ont disparu et, par là
même, plus remarquée et plus aimée, comme sont les derniers
beaux jours à l'été de la Saint-Martin.

Mais ceux qui pensent et qui veulent se rendre compte des
choses dans l'ordre logique de leurs développements, aimeront à
savoir, d'une façon plus précise, l'origine de la plante, la série de
ses migrations et de ses transformations, la façon dont furent
obtenues les variétés modernes que nous admirons chez les fleuristes et dans les expositions, enfin les procédés par lesquels on
obtient les fleurs colossales, connues déjà des Orientaux, mais dont
jusqu'à ces dernières années les Européens n'avaient pas la moindre
idée. C'est justement ce que le présent travail se propose de faire
connaître simplement et aussi exactement que possible.

I

Avant d'étudier la plante, occupons-nous un moment de son
nom.

Pourquoi doit-on dire *un* Chrysanthème et non *une* Chrysanthème ? La désinence du mot, l'élégance, la grâce de la fleur, la
variabilité capricieuse de la plante elle-même s'accordaient pour
conseiller le féminin, mais la dérivation latine l'a emporté et l'usage
s'est prononcé pour le masculin, l'usage, maître absolu et quelque
peu tyrannique du langage.

Quem penes arbitrium est et jus et norma loquendi.

Soumettons-nous donc et reconnaissons que la jolie fleur jaune
d'or, blanche, violette ou sanguine, bombée ou échevelée, lustrée
ou plumeuse que nous avons sous les yeux est *un* Chrysanthème.

Pénétrons maintenant dans le détail de son histoire naturelle,
nous y trouverons une quantité de renseignements sur ses affinités.

son organisation, son tempérament, etc.. qui jetteront une grande clarté sur l'histoire des modifications de la plante quand nous les passerons en revue.

Fig. 1.

Type sauvage du Chrysanthème de l'Inde.

Les innombrables formes cultivées du Chrysanthème d'automne proviennent uniquement, d'après certains auteurs, du *Chrysanthemum indicum* de Linné. Pour d'autres, nos plantes cultivées seraient le produit d'un croisement entre le *Chrysanthemum in-*

dicum et le *Chrysanthemum morifolium* de Ramatuelle. Cette origine multiple ou au moins binaire n'est pas rare dans les plantes cultivées, témoins les Fraisiers à gros fruits, les Bégonias tuberculeux et bien d'autres.

Quoi qu'il en soit à cet égard, la plante rentre incontestablement dans le genre *Chrysanthemum* (en grec : fleur d'or), dont la distribution géographique est des plus étendues, et dont la signification souffre exception, car les espèces à fleurs blanches n'y sont pas rares. En ce qui concerne toutefois le *Chrysanthemum indicum*, le nom générique est parfaitement exact. Ce type sauvage (Fig. I, page XI) des Chrysanthèmes cultivés est, en effet, une plante vivace, de taille assez forte, dont les capitules nombreux, réunis en corymbes terminaux, sont invariablement d'un jaune vif. Ce fait a son importance au point de vue de l'amplitude présumable des variations en couleur de la plante.

Le genre *Chrysanthemum* fait partie de la vaste famille des Composées, qui a donné aux jardins les Achillées, les Matricaires, les Bleuets et autres Centaurées, les Asters, les Dahlias, les Zinnias, les diverses Immortelles et l'assortiment presque innombrable des Reines-Marguerites. Cette famille est fondée sur ce caractère important que les fleurs n'y naissent pas isolées, mais réunies en groupes plus ou moins nombreux, occupant le sommet, élargi en forme de champignon, des tiges florales. Chacun de ces groupes est entouré d'une collerette d'écailles imitant, dans une certaine mesure, le calice des autres fleurs, et cette apparence n'a pas peu contribué à accréditer la commune méprise qui fait considérer comme une fleur unique les capitules des Composées, lesquels en contiennent souvent plusieurs centaines.

Cet hommage rendu à la précision du langage botanique et notre soumission faite à la rigueur scientifique qui fait un *capitule* de l'inflorescence des *Composées*, nous reprendrons notre liberté de jardinier n'écrivant pas pour les savants mais pour tout le monde, et nous parlerons tout bonnement de la *fleur* des Chrysanthèmes partout où la clarté des explications n'exigera pas que la distinction soit faite entre le capitule, qui est l'ensemble, et la fleur véritable ou fleuron qui est l'unité au point de vue de la reproduction.

Si l'on veut se donner la peine de prendre un capitule de Pàque-
rette, de grande Marguerite des prés, de Bleuet, ou de Chrysanthème simple ou demi-double, et de l'examiner avec un peu
d'attention, on remarquera d'emblée que les fleurons insérés sur
le disque qui forme leur support commun ne sont pas tous semblables entre eux; cette diversité est très fréquente chez les Composées. Toute la partie centrale du capitule est remplie de fleurons
dont la corolle tubuleuse est peu apparente; les anthères des
étamines, assez développées et d'un jaune vif, font généralement
saillie et leur couleur est la seule qui se perçoive distinctement
dans cette portion de l'inflorescence.

Mais, au pourtour, la forme des fleurons est bien différente :
ou bien le tube s'évase en décuplant ses dimensions primitives et
en se revêtant des plus vives couleurs (*Bleuet, Guillarde*), ou
bien, plus souvent, une partie seulement de son tube se prolonge
en une languette plate, plus ou moins développée et diversement
colorée (*Marguerite des prés, Asters, Zinnias*), ou bien encore
le tube se prolonge sur tout son pourtour, mais irrégulièrement.
de manière à former une sorte de cornet (*Dahlia*).

Les fleurons du centre n'échappent pas toujours non plus à
la transformation; seulement, chez eux, elle ne se produit guère
que sous l'influence de la culture. Ils prennent alors ou l'apparence des fleurs en languette (*fleur ligulée* ou *ligules*), ou bien
se prolongent en un long tube lisse et à peine ouvert à l'extrémité
(*Pâquerettes* et *Reines-Marguerites à aiguilles*), ou enfin se
développent notablement en grandeur, en coloris, sans perdre
leur forme tubuleuse à bords dentés (*Reines-Marguerites ané-
mones, Chrysanthèmes alvéolés*).

A toutes ces modifications du fleuron primitif s'ajoutent chez
le Chrysanthème d'automne d'autres transformations encore, dont
nulle autre plante de la même famille n'a jusqu'ici donné
l'exemple.

Le type sauvage (Fig. 1, page XI) porte de petits capitules,
garnis à leur pourtour de fleurons ligulés, à courtes languettes
relativement larges, planes, de forme oblongue. Tout le centre es
rempli de fleurons tubuleux, présentant au pourtour de leur ouverture cinq dents nettement marquées. Ces dents indiquent que le

tube est formé par la soudure de cinq pièces distinctes. Ce détail aidera à comprendre les diverses conformations des fleurons des plantes cultivées. On y retrouvera toujours un tube plus ou moins modifié dont les cinq segments sont soudés ou séparés à des niveaux variés et dont les extrémités sont capricieusement effilées, dentées ou laciniées.

Les deux types extrêmes sont, d'une part, la ligule proprement dite ou lame plane, présentant d'ordinaire des teintes différentes à la surface supérieure et sur le revers; le rapport de la largeur à la longueur, la longueur absolue, la forme plus ou moins obtuse, simple ou multiple à l'extrémité, tout cela peut varier dans des limites fort étendues.

Quand on appelle la ligule une languette plane, la définition n'est exacte que *relativement*, car, même chez les mieux caractérisées, il existe à la base une petite fraction de l'organe où la forme en tube ou en cornet est indiquée; mais, presque immédiatement le tube se fend et ses parois, se développant, forment la lame ou languette dont nous avons déjà parlé, et dont la forme peut présenter des variétés nombreuses: souvent elle reste plane, courte et relativement large, ou bien elle s'allonge et se termine par une extrémité pointue, ou tronquée, ou arrondie; souvent, en gardant sa forme de lame, elle se plie sur son plat, soit en dedans (*fleur incurvée*), soit en dehors (*fleur réflexe*); d'autres fois, la lame au lieu de rester plane, replie légèrement ses bords, soit en dessus (*ligules canaliculées*), soit en dessous (*ligules bombées*).

Cette dernière disposition est particulièrement favorable à la beauté des fleurs, en ce qu'elle met mieux en vue la face supérieure ou interne du fleuron, celle qui est toujours la plus vivement colorée des deux. De plus, la soudure des segments qui constituent le tube peut se prolonger plus ou moins loin, soit entre tous les segments, soit entre quelques-uns seulement. — Quand elle est complète, cette soudure, le fleuron présente l'autre type extrême, le plus opposé à la ligule simple; c'est le tube uni, étroit, ouvert seulement à son extrémité et ne laissant voir qu'une seule face de la lame enroulée, celle qui, dans un fleuron rubané, serait le revers. Il s'ensuit qu'il n'y a pas de fleurs entièrement tubulées dans les coloris foncés, le revers des fleurons étant tou-

jours plus terne et plus pâle que la surface supérieure, laquelle,
dans les fleurons tubuleux, est invisible, puisqu'elle forme la surface intérieure des parois.

Mais cette conformation des fleurons — dont la figure 2,
ci-dessous donne un exemple bien net — est relativement rare; le
plus souvent, le tube se fend à un niveau variable,
presque toujours du côté qui regarde le centre du capitule et, par la fente, apparaît la surface intérieure du tube. La portion du fleuron qui cesse d'être tubuleuse prend alors des formes très diverses; ou elle s'étale en spatule droite ou renversée, ou elle s'évase simplement en ouverture de cornet, ou elle se creuse en cuiller et même, exagérant cette forme, se replie en capuchon. Cette apparence est fréquente dans les formes dites *Japonaises* à gros fleurons (*Yellow Dragon*, Fig. 3, page XVI). Quelquefois, au point de séparation, un des cinq segments se termine, ce qui est

Fig. 2.

Chrysanthème japonais à fleurons tubulés.

indiqué par l'existence d'une pointe plus ou moins développée; les quatre autre segments, unis jusqu'au bout et cucullés, imitent la partie supérieure d'une fleur de certaines Labiées ou Acanthacées (*Salvia* ou *Justicia*). Il arrive souvent que, sur un même *capitule*, les différents fleurons perdent la forme tubuleuse à des hauteurs très diverses. Les fleurons tubulés peuvent être droits, courbés dans différents plans ou même contournés et frisés; il en résulte un nombre presque infini de combinaisons possibles, nombre d'autant plus grand que tous les fleurons d'un même capitule ne sont pas nécessairement transformés dans le même sens, ni au même degré.

Enfin une modification tout à fait originale, et dont la connaissance (sinon l'apparition) est relativement récente, est présentée par certaines plantes dont les fleurons portent, sous leurs revers, des appendices en forme de poils courts, épaissis au sommet et d'aspect laineux. Leur présence caractérise les Chrysanthèmes dits *duveteux*, dont le premier, *Mme Alpheus Hardy*, a été importé du Japon en Amérique il y a moins de dix ans et dont il existe aujourd'hui déjà des similaires dans presque toutes les couleurs. Ces appendices ne sont pas des organes distincts du tissu du fleuron, mais de simples excroissances, comme les Choux prolifères en produisent sur les nervures de leurs feuilles. Ils sont surtout apparents sur les fleurs à ligules incurvées vers le centre et leur donnent un aspect hérissé ou plumeux très particulier. *William Falconer* (Fig. 4, page XVII) *William A. Manda, Enfant des Deux-Mondes, Chrysanthémiste Délaux*, en offrent des exemples bien caractérisés.

Fig. 3.

Chrysanthème japonais Yellow Dragon.

Les couleurs que présentent les fleurs de Chrysanthèmes sont très variées et comportent des nuances fort nombreuses, qui vont du blanc pur ou du jaune le plus pâle jusqu'au brun foncé, en passant soit par le rose, le mauve et le rouge violacé, soit par le jaune d'or, l'abricoté, le cuivré et le rouge grenat. Il ne s'y trouve pas, jusqu'ici du moins, dans les races européennes, de violet franc, ni surtout de bleu. On dit bien qu'au Japon il existe, dans les collections cachées avec soin à l'œil profane des étrangers, des variétés dont la nuance s'approche du bleu; les documents principaux qui appuient cette croyance sont des pièces de céramique portant, parmi les figures qui les décorent, des fleurs de Chrysanthèmes d'un bleu grisâtre ou lilacé; il s'y trouve, en même temps, des fleurs de Pivoine en arbre du même coloris; or, la Pivoine bleue est aussi inconnue en Europe que le Chrysanthème bleu. Il n'est pas impossible, malgré la fidélité ordinaire des Orientaux à reproduire les plantes telles qu'elles sont, de voir là ou une fantaisie de l'artiste ou un accident de cuisson. D'autre part, il n'est pas absolument impossible que cette teinte nouvelle ou existe déjà, ou se produise quelque jour. Nous avons vu apparaître, il n'y a pas bien longtemps, dans les Primevères de Chine, une

Fig. 1.

Chrysanthème duveteux, William Falconer.

variété presque bleue, dont l'existence, il n'y a pas vingt ans, aurait été considérée comme une chimère. Il est bien difficile de dire à l'avance où s'arrêteront les variations en coloris d'une espèce déterminée, lorsqu'on voit la Jacinthe d'Orient présenter à la fois toutes les couleurs de la palette la mieux assortie, et notamment les bleus les plus francs en même temps que les jaunes les plus purs. Jusqu'à quel point un Chrysanthème bleu serait-il un réel progrès? C'est ce qu'il est plus difficile de dire. — Il est certain qu'au point de vue décoratif, on trouve, dès à présent, de très amples ressources dans les variétés blanc pur, rose, lilas, jaune d'or, et surtout dans les coloris mordoré, grenat et marron, qui sont assez rares dans les autres fleurs.

II

L'histoire de la culture du Chrysanthème, comme celle de sa diffusion dans le monde habité, commence en Chine. Ses types sauvages, soit qu'on n'en admette qu'un seul, le *Chrysanthemum indicum* de Linné, soit qu'on regarde aussi le *Chrysanthemum morifolium* comme une espèce spontanée, croissent naturellement dans une grande partie de l'Empire chinois; le fait est hors de doute : il a été constaté, à plusieurs reprises, par des botanistes dont l'autorité est indiscutable et dont les échantillons authentiques existent dans les herbiers publics (Drs. D. Henry, Maximowicz, Bretschneider).

Les documents écrits qui se rapportent à la culture du Chrysanthème remontent à une très respectable antiquité. Confucius, le grand docteur des hommes jaunes, qui vivait environ cinq cents ans avant l'ère chrétienne, en fait déjà mention, et, à propos de l'automne, célèbre la « *gloire dorée* » du Chrysanthème. Mille ans environ après lui, Tao-Ming-Yang, cultivateur et écrivain de tendances quelque peu epicuri mnes, cultive avec passion le Chrysanthème et en mêle les louanges à l'éloge de la bonne chère. Ses succès dans la culture de sa fleur favorite furent tels que le nom de sa ville natale fut changé en celui de *Ville des Chrysanthèmes, Chu-Hsien*. Est-ce celle dont nous orthographions aujourd'hui le nom

Chu-san, d'où ont pris leur nom un joli Chrysanthème pompon
et une charmante Pivoine en arbre, à fleurs blanc pur? On assure
que, longtemps avant l'introduction du Chrysanthème en Europe,

Fig. 5.

Types de Chrysanthèmes d'après Hakousai, peintre japonais.

des amateurs chinois en possédaient de très nombreuses collections,
dont la liste comprenait plus de 160 variétés.

Au Japon, la culture du Chrysanthème ne paraît pas remonter
à des âges aussi reculés, mais elle était cependant en honneur vers

le xııe siècle de notre ère, d'après les documents artistiques fournis par la décoration d'armes de prix ou d'objets de céramique. On voit le Chrysanthème figurer sur le sabre d'un Mikado qui régnait vers l'année 1186 de notre ère. On le retrouve, représenté avec la forme héraldique qu'il a aujourd'hui encore, sur certaines monnaies et sur le sceau impérial du Japon, parmi les fleurs d'une étoffe de soie remontant, de l'avis des connaisseurs, jusqu'au xıve siècle. Les planches que nous reproduisons (Fig. 5 et 6 pages XIX et XXI) représentent, d'une façon schématique, mais avec une grande vérité d'effet, des formes très diverses de Chrysanthèmes.

Presque toutes nos races européennes peuvent dériver, par de légères modifications, de ces divers types qui reproduisent, d'après le peintre Hakousaï, des formes cultivées au Japon vers 1815.

Quels progrès la culture a-t-elle faits, au Japon, depuis cette époque jusqu'à nos jours? C'est ce que nous ne saurions dire; mais il est absolument certain que le Chrysanthème continue à jouir au Japon d'un rang tout à fait prépondérant parmi les fleurs cultivées, que des fêtes et des expositions solennelles sont instituées en son honneur et que l'art d'en grossir les fleurs, par des procédés spéciaux de culture, est parfaitement connu des Japonais.

A qui pourrait-on s'adresser mieux, pour recevoir un témoignage à ce sujet, qu'à PIERRE LOTI, dont chacun connaît l'inimitable talent de peintre en prose?

« ... On monte par un large escalier que borde une triple haie de Chrysanthèmes japonais dont rien ne peut donner l'idée dans nos parterres d'automne : une haie blanche, une haie jaune, une haie rose. Dans la haie rose, qui couvre la muraille, les Chrysanthèmes sont grands comme des arbres et leurs fleurs sont larges comme des Soleils. La haie jaune, placée en avant, est moins haute et fleurie par grosses touffes, par gros bouquets, d'une éclatante couleur bouton-d'or. Et enfin la haie blanche, la dernière, la plus basse, fait comme un parterre tout le long des marches, comme un cordon de belles houppes neigeuses. » (*)

Ailleurs, à propos d'une réception dans les jardins impériaux :

(*) Japonerie d'automne, p. 84.

« ... Sous ces abris et sous ces tentures impériales, il y a des collections de Chrysanthèmes qui sont naturels, mais qui n'en ont pas l'air, des Chrysanthèmes merveilleux en l'honneur desquels Leurs Majestés nous ont conviés.....

Fig. 6.

Types de Chrysanthèmes, d'après Hakousaï, peintre japonais.

« ... Avec une régularité géométrique, ils sont plantés en quinconces, sur des gradins en terre que recouvre une imperceptible mousse unie et comme passée au rouleau: chaque pied n'a qu'une seule tige et chaque tige n'a qu'une seule fleur. — Mais quelle fleur! plus grande que nos plus grands Tournesols, et toujours d'une nuance si belle, d'une forme si rare : l'une a des pétales larges et charnus, disposés de telle façon régulière qu'on dirait un gros artichaut rose; sa voisine ressemble à un chou frisé d'une couleur fauve de bronze; une autre encore, du jaune le plus éblouissant, a des milliers de petits pétales minces qui s'élancent et retombent comme une gerbe de fils d'or; il y en a qui sont d'un blanc ivoire, d'autres d'un mauve pâle ou bien du plus magnifique amaranthe; il y en a de panachées, de nuancées, de mi-parties... Et on se rend compte du travail qu'a coûté cette production de fleurs géantes, en regardant de près les à peine visibles supports qui montent le long des tiges, se bifurquent sous les feuilles, soutenant celles qui seraient trop lourdes, ou bien pinçant et arrêtant la sève chez celles qui se développeraient trop vite. (*)

« Sur les côtés du parterre, dans de hauts kiosques légers, et toujours à l'abri des mêmes soies violettes étoilées de rosaces blanches, il y a d'autres expositions de fleurs, — d'autres *fantaisies sur les Chrysanthèmes*, pourrait-on dire plutôt, — exécutées par des procédés différents et avec des secrets plus extraordinaires. Ici, ce sont des espèces de bouquets montés, comme ceux que l'on met dans nos vases d'église, mais d'énormes bouquets, gros comme des arbres: les pieds, au lieu de n'avoir qu'une tige, en ont bien une centaine, disposées avec la plus parfaite symétrie autour d'un trone central; et, au bout de chaque branche, il y a une fleur largement ouverte, jamais passée, jamais en bouton, toujours au même point de son épanouissement éphémère; le même jour, évidemment, tout cela, qui a coûté tant de peines, doit se faner et finir. Et chacun de ces Chrysanthèmes porte, sur une bandelette de papier, son nom écrit à l'aide de ces caractères savants qui peuvent être lus en deux langues différentes, en chinois aussi bien qu'en Japonais; ils s'appellent : *le dix mille fois saupoudré d'or, la brume de montagne, le nuage automnal...* » (**).

Il est tout à fait certain que, non seulement les Japonais connaissent tous les procédés et — si l'on veut me passer l'expression — tous les trucs de la culture du Chrysanthème « à la grande fleur »,

---

(*) Japonerie d'automne, p. 329, 330.

(**) Japonerie d'automne, p. 332, 333.

mais même qu'ils sont allés aussi loin que nous dans le sens de la
diversité et de l'originalité des formes obtenues. On ne conservera
aucun doute à cet égard si on veut bien se rappeler que *Edwin
Molyneux*, *Lilian B. Bird* (Fig. 7, page XXIII) et le premier des
duveteux, *Mme Alpheus Hardy,* ne sont pas des obtentions européennes ni américaines, mais des importations directes du Japon.

Il y a tout lieu de
croire que c'est du Japon
que les premiers Chry-
santhèmes de l'Inde de
races cultivées sont
venus en Europe. — Un
auteur du XVIIe siècle,
le Dr Jacob Breynius,
de Dantzick, fait men-
tion d'une manière très
explicite de Chrysan-
thèmes en plusieurs va-
riétés, de coloris divers,
qu'il a vus en Hollande
au cours d'un voyage
fait en 1689. Les détails
qu'il donne sur ces
plantes et le nom même
qu'il leur attribue (*Ma-
tricaria japonica ma-
xima*) ne permettent
pas de douter qu'il
s'agisse bien effective-
ment du Chrysanthème

Fig. 7.
Chrysanthème Lilian B. Bird.

cultivé. On sait que les Hollandais étaient, à cette époque, en rela-
tions commerciales très suivies avec tous les pays de l'Extrême-
Orient. Il ne semble pas, cependant, que cette importation par la
Hollande ait été le point de départ d'une dissémination tant soit
peu étendue de la plante dans les cultures européennes.

Quelques années plus tard, le Chrysanthème se retrouve près
de Londres, dans les jardins de l'Hôpital de Chelsea, comme des

échantillons séchés et conservés jusqu'ici en font foi; mais, là encore, la plante ne semble pas être sortie des cultures purement botaniques.

A un Français du Midi, Pierre-Louis Blancart, négociant marseillais, était réservée la gloire de rapporter de Chine en Europe les Chrysanthèmes qui, les premiers ont été reçus comme des plantes ornementales de mérite et qui se sont répandus dans les jardins de la Provence. Peu d'années après l'importation de P.-L. Blancart, effectuée en 1789, les Chrysanthèmes étaient connus dans tout le Midi de la France. Portés au Jardin des Plantes de Paris, ils y furent observés et décrits avec exactitude, et de là passèrent en Angleterre, au Jardin Botanique de Kew. MM. Cels, à Paris, et Colville, à Chelsea, près Londres, furent les premiers à répandre la plante nouvelle dans leurs pays respectifs.

Les horticulteurs français et anglais ne se contentèrent pas longtemps de multiplier purement et simplement les plantes apportées de Chine par l'introducteur marseillais; ils semèrent les graines récoltées sur les premiers pieds importés et obtinrent bientôt de nombreuses formes nouvelles : le capitaine Bernet, à Toulouse, et Isaac Wheeler, à Oxford, furent les premiers à entrer dans cette voie qui devait mener progressivement le Chrysanthème au degré de perfection où nous le voyons aujourd'hui.

Le semis est, en effet, le plus puissant instrument de variation et, entre des mains habiles, d'amélioration dans le règne végétal. C'est à l'emploi du semis que sont dues toutes les races perfectionnées de plantes nutritives, industrielles et ornementales dont les nations civilisées ne sauraient plus se passer.

Lorsque les graines d'une espèce végétale quelconque sont confiées au sol, elles ne la reproduisent pas toujours absolument semblable à elle-même. Des individus surgissent dans les semis qui, par certains caractères, trahissent un écart avec le type primitif, écart infiniment léger d'ordinaire, mais susceptible de croître par la répétition des semis, et de constituer avec le temps une variété ou une race distincte.

Ces écarts se produisent par suite de semis spontané, à l'état sauvage tout comme dans les cultures, mais avec cette différence qu'à l'état sauvage ils n'ont chance de se perpétuer que s'ils apportent à la plante chez laquelle ils apparaissent un avantage quelconque dans la lutte pour l'existence qu'elle soutient contre les plantes similaires; tandis que, dans les cultures faites par l'homme, une variation qui lui paraît utile ou intéressante peut aisément

Fig. 8.

Chrysanthème hybride. Étoile de Lyon.

être préservée et multipliée, grâce à son intervention, alors que, dans l'état de nature, elle aurait été étouffée par les plantes voisines plus vigoureuses ou mieux armées.

Les races si nombreuses et si variées de la Pâquerette et de la Pensée à grande fleur, plantes indigènes, celles plus nombreuses encore de la Reine-Marguerite, plante chinoise, les Choux pommés, frisés, Choux-Raves, Colza, Choux-fleurs, sortis tous du chou de nos côtes maritimes, sont des exemples de l'ampleur que peuvent atteindre, dans certaines espèces, les variations par le semis.

Dans le Chrysanthème de l'Inde, on s'est peu occupé jusqu'ici de faire porter la variation sur autre chose que sur la fleur, mais là elle s'est donné ample carrière quant au nombre et à la disposition des capitules, la forme, la couleur, les dimensions des fleurons, la précocité de la floraison ou sa tardiveté, etc. Tous ces changements et les combinaisons qu'ils peuvent présenter entre eux fournissent une mine inépuisable de gains obtenus et à obtenir.

Mais, en outre, il se présente fréquemment dans les Chrysanthèmes une autre source de formes nouvelles, c'est la variation par dimorphisme, qui consiste dans le développement sur une plante vivante d'un bourgeon produisant une pousse qui diffère par quelques caractères des autres pousses de la même plante. Ce genre de variation, bien que peu fréquent, est cependant loin d'être sans exemple dans la nature: plusieurs formes à feuilles panachées ou diversement colorées des arbres d'ornement, des fruits, des roses, se sont produites de la sorte et ont été conservées par le bouturage ou par la greffe, tout comme les formes nouvelles issues de semis.

Or, dans le Chrysanthème, cette variation par bourgeon est particulièrement fréquente: on en pourrait citer de très nombreux exemples, et, parmi les plus connus, l'apparition du *Golden Queen of England*, belle fleur d'un jaune vif, sur la *Queen of England*, variété à fleur rose tendre. De la variété *Princess of Teck*, sont sorties *Mrs Norman Davis* et *Lady Dorotty*, aussi distinctes l'une de l'autre que de leur point de départ. *George Sand*, rouge brun, a produit *George Hawkins*, jaune d'or. Enfin, dans les fleurs duveteuses, *Enfant des Deux-Mondes*, blanc pur, est sorti de *Louis Bohmer*, rose violacé, etc.

Mais, avant de donner des variations dignes d'être conservées, il fallait que les variétés améliorées fussent elles-même venues au monde. Nous avons vu un peu plus haut comment le capitaine Bernet, de Toulouse, et, peu après lui, Isaac Wheeler, d'Oxford, avaient commencé les premiers à rechercher les rares graines que produisaient alors les variétés introduites de l'Extrême-Orient et à décrire et à baptiser les meilleurs des semis par eux obtenus. Leur exemple fut bientôt suivi avec plus d'éclat et de succès par un horticulteur anglais, nommé John Salter qui, établi en France, à Versailles, profita du climat un peu plus chaud et surtout ensoleillé de cette ville pour multiplier les semis et, par là-même, la production des variétés nouvelles: *Cloth of Gold*, *Queen of England*, *Venus*, parmi beaucoup d'autres, sont des gains de ce semeur, qui continua ses recherches de belles nouveautés lorsque après 1848 il fut rentré en Angleterre où il s'établit, à Hammersmith, près de Londres.

Entre temps, de nouveaux matériaux avaient été fournis aux horticulteurs européens par l'introduction de quelques formes originaires de Chine et rapportées par les soins du célèbre voyageur Robert Fortune. Ces nouveaux matériaux furent mis en œuvre en Angleterre même, par MM. Short et Freestone; dans les îles de la Manche, par M. Charles Smith et plusieurs autres semeurs; en France aussi où MM. Simon Délaux,

Fig. 9.

Chrysanthèmes à fleurs simples et semi-doubles.

Louis Lacroix, le Dr Audiguier, M. de Reydellet, Bouchardat et bien d'autres, n'avaient pas attendu l'exemple de leurs émules anglais pour se lancer, à la suite du capitaine Bernet, dans la chasse aux belles et nouvelles formes de Chrysanthèmes. Jusque-là, à fort peu d'exceptions près, la tendance était à rechercher les formes très régulières, à fleurons imbriqués, soit étalés comme les pompons, soit recourbés comme dans les incurvés ou chinois. Les semeurs de Guernesey, très actifs et heureux à cette époque, étaient particulièrement attachés à ces types que leur imposaient presque impérieusement les préférences des grands acheteurs anglais. Mais bientôt un fait allait se produire, qui changerait notablement l'orientation des recherches en matière de Chrysanthèmes nouveaux, à savoir, l'introduction par Robert Fortune, lors d'un nouveau voyage, de sept variétés nouvelles provenant du Japon et portant des fleurs plus bizarres et plus échevelées que toutes celles qu'on avait vues jusque-là.

Une observation assez curieuse, faite à la suite de cette importation, contribua beaucoup à surexciter l'ardeur des semeurs. Ce n'était pas sept seulement, mais une vingtaine environ de formes que Robert Fortune avait réussi à se procurer au Japon. Les deux tiers de ces plantes avaient péri en Chine, à son grand chagrin, durant un séjour qu'il avait été forcé d'y faire, à son retour du Japon.

Or, il advint que quelques années plus tard, visitant les cultures d'un des semeurs anglais, Robert Fortune crut reconnaître, dans un semis sorti d'une des variétés introduites par lui-même, une autre variété perdue au cours de son voyage et qu'il avait toujours regrettée.

De là, chez lui, la conviction, communiquée à plusieurs horticulteurs, que les graines de Chrysanthèmes japonais pourraient reproduire en Europe non seulement toutes ces variétés déjà connues, mais toutes celles que les Japonais conservaient encore, avec un soin jaloux, loin de la vue des étrangers. Il ne semble pas cependant que, malgré cet encouragement, la culture des variétés japonaises proprement dites ait fait en Angleterre, à cette époque, une concurrence sérieuse à celle des fleurs imbriquées et incurvées.

En France, au contraire, c'est vers le type japonais et vers celui des grandes fleurs rayonnantes, à fleurons plats et étalés, appelées maintenant « hybrides », que s'est portée surtout l'attention des semeurs. À ceux que nous avons cités déjà, il convient d'ajouter les noms de MM. Rozain, Crozy, Marrouch, Sautel et surtout Calvat. Ce dernier, récemment entré dans la carrière, y marche avec une sûreté et une rapidité qui lui permettent de dépasser tous ses rivaux par le nombre et le mérite de ses créations.

La Belgique, l'Italie, le Portugal même, sont entrés en lice et un assez bon nombre de variétés tirent leur origine de ces pays, dont les deux derniers, surtout, ont l'avantage de produire facilement en plein air des graines fertiles pour le semis.

L'Amérique du Nord compte également de nombreux semeurs : le docteur H.-V. Walcott, MM. John Thorpe, Spaulding, Waterer, Hill, May, Pitcher et Manda. Essayer d'énumérer leurs gains, même en se limitant aux plus populaires, serait faire sans utilité une incursion sur le domaine des catalogues commerciaux.

Ils sont devenus de véritables volumes, ces catalogues, et il faut beaucoup de méthode pour les rédiger de telle sorte que les amateurs ne s'y perdent pas comme dans un labyrinthe. On ne saurait trop louer l'initiative prise par la Société Nationale des Chrysanthémistes à Londres, en établissant une classification qui permet de répartir les innombrables formes déjà existantes (auxquelles s'ajoutent tous les ans environ trois cents nouveautés nommées), entre des classes suffisamment distinctes pour que, avec la moindre attention et la moindre habitude, l'amateur parvienne aisément à attribuer, au premier coup d'œil, à toute variété qu'il examine, la désignation qui lui appartient légitimement. La seule critique qu'on puisse, à mon sens, adresser à la classification du *National Chrysanthemum Society*, c'est que le nom de *Japonais* y soit pris dans

Fig. 10.
Chrysanthème alvéole ou à fleur d'Anémone.

un sens trop large, englobant à la fois toutes les formes que nous appelons en France *Japonaises* et aussi celles que nous désignons par le nom tout à fait arbitraire, j'en conviens, d'*Hybrides*. Or, ces dernières, qui se composent des plantes à fleurs plates, rayonnantes, à ligules complètement étalées, ordinairement pointues, et dont l'*Étoile de Lyon* (Fig. 8, page XXV) est un type bien caractérisé, sont bien assez nombreuses pour mériter de former une section à part déchargeant d'autant la classe déjà extrémement remplie des *Japonais* proprement dits. On peut donc, d'une façon assez précise, diviser les formes cultivées des Chrysanthèmes d'automne entre cinq classes principales, qui sont :

1° Les *Alvéolés* ou *Chrysanthèmes à fleurs d'Anémone*, dans lesquelles les fleurons sont de deux sortes : ceux du pourtour, sur un ou plusieurs rangs, sont des ligules étalées, rayonnantes ; ceux du centre restent tubuleux avec des bords plus ou moins dentés ou colorés et ressemblent à ceux des Pyrèthres doubles ou des Reines-Marguerites à port d'Anémone (Fig. 10, page XXIX).

Fig. 11

Chrysanthème pompon « Gerbe d'or »

2° Les *Pompons*, à fleurs petites, très doubles, à ligules courtes, étroitement imbriquées, ressemblant à une fleur de Pâquerette double (Fig. 11, ci-dessus).

3° Les *Chinois* ou *incurvés*, dont les fleurons généralement larges, se recourbent vers le centre du capitule, formant une fleur globuleuse ou déprimée qui montre surtout le revers des pièces florales (Fig. 12 et 18, page XXXI et 10).

4° Les *Hybrides*, dont les fleurs sont plates, généralement larges, à ligules très étalées, rayonnantes, comme celle d'un petit Soleil double ou d'un Dahlia à fleur de Cactus (Fig. 8, page XXV).

5° Les *Japonais*, qui comprennent toutes les fleurs irrégulières, échevelées, à fleurons complètement ou partiellement tubuleux, contournés et enchevêtrés de mille manières (Fig. 13, page XXXIII).

Fig. 12. — Chrysanthème chinois ou incurvé.

Cette appellation, qui a commencé par désigner une origine, se restreint de plus en plus à une catégorie de plantes présentant les caractères que nous venons d'indiquer. Mais ces caractères sont si variés et comportent tant de modifications diverses, que l'on en vient à établir parmi les Chrysanthèmes japonais plusieurs sections, telles que : *Japonais alvéolés, Japonais incurvés, Japonais réflexes, Japonais duveteux*, dont les dénominations sont suffisamment expressives pour se passer de commentaires.

On ne doit pas redouter de multiplier quelque peu les titres et les sections, quand on pense que le nombre des formes de Chrysanthèmes dénommées, publiées et plus ou moins distinctes les unes des autres, oscille en ce moment (1895) entre trois et quatre mille.

III

Un fait dont le grand public ne se rend pas compte d'une façon suffisamment exacte, c'est que, dans les gigantesques fleurs présentées aux Expositions, la nature a contribué pour une part bien moindre que le travail et l'ingéniosité du cultivateur. C'est qu'une variété de chrysanthème, quelles que soient la grandeur et la beauté naturelle de ses fleurs, n'approchera pas du degré de développement requis pour figurer avec succès dans les concours un peu disputés, si elle n'a reçu — non seulement au moment de la floraison, mais pendant tout le cours de sa végétation — des soins minutieux et constants, analogues à ceux que l'on prodigue, dans une écurie de courses, à un poulain destiné à prendre part aux grandes épreuves de l'année. Et cette comparaison d'une plante d'exposition avec un cheval de course reste exacte sous plusieurs rapports. Dans un cas comme dans l'autre, il ne s'agit pas tant d'obtenir un résultat désirable en soi que de prouver par une démonstration *à fortiori* ce qu'on peut attendre, dans des conditions pratiques et communes, d'une race capable, à l'occasion, d'un effort tout à fait exceptionnel. Ce que les exposants veulent montrer au public, c'est que les chrysanthèmes, dont ils peuvent, eux, obtenir des fleurs de 20 à 25 centimètres de diamètre, pourront lui donner — à lui public — des fleurs de 12 à 15 centimètres, assurément plus faciles à utiliser, plus légères, plus gracieuses et presque aussi dignes d'admiration que les colosses préparés en vue des concours.

Mais, comme il est toujours bon de viser un peu plus haut pour atteindre au niveau cherché, nous allons indiquer aux amateurs, sans leur conseiller de les appliquer dans toute leur rigueur, les traitements énergiques auxquels les spécialistes soumettent les plantes et les fleurs d'exposition. Il faut, en effet, distinguer soigneusement les unes d'avec les autres. Nous parlerons d'abord des fleurs, parce que c'est dans la production de celles-ci que l'art, ou, si l'on préfère, l'artifice est poussé le plus loin.

D'abord, pas de vieux pieds; tous les produits destinés aux concours s'obtiennent sur de jeunes plantes, bouturées de l'année et cultivées comme plantes annuelles. Chacun a son système quant à l'époque où il convient de faire les boutures. Le climat local, l'époque où la fleur doit être obtenue, le tempérament particulier de la variété traitée, ont tous leur influence à cet égard. Sous le climat de Paris, il semble que le mois de février soit à peu près l'époque moyenne qui convient pour le bouturage. Pour obtenir des fleurs absolument exceptionnelles, il faut d'abord choisir des variétés dont la fleur soit naturellement grande et, ensuite, pousser les jeunes plantes, dès le début de la culture, vers le maximum de vigueur et de développement. Elles sont donc, dès le printemps, abondamment nourries, rempotées dès que les racines ont envahi toute la motte, arrosées régulièrement, tantôt avec des engrais liquides, tantôt à l'eau claire, suivant les besoins. La culture la plus intensive de toutes, visant à l'obtention d'une seule fleur monstrueuse par pied, ne comporte aucune taille; la tige, maintenue unique par la suppression de tous les bourgeons qui voudraient se développer, s'élève librement en hauteur jusqu'à l'apparition du premier bouton. Celui-ci se présente à l'extrémité de la pousse centrale sous forme d'un tout petit organe arrondi, entouré de plusieurs pousses feuillées. C'est ce qu'on appelle le *bouton-couronne*. C'est lui qui donne, en se développant, les fleurs les plus belles, les plus

Fig. 13.

Chrysanthème japonais. Soleil d'Octobre.

grandes et surtout les plus épaisses. Lui seul, dans la plupart des variétés, peut fournir les belles fleurs de concours, mais comme ces fleurs doivent être prêtes à point nommé, qu'elles doivent se présenter avec leur maximum de beauté à une époque déterminée, le cultivateur doit calculer, au moment où paraît le bouton-couronne, si la fleur qui en proviendra arrivera bien à temps ou, au contraire, se développera trop tôt. Dans le premier cas, il prend immédiatement le bouton, c'est-à-dire que, supprimant les pousses feuillées qui l'entourent, il détourne vers lui toute la sève de la plante et en provoque le développement vigoureux. Si, au contraire, il est encore trop tôt pour prendre le bouton, il le supprime ainsi que les pousses feuillées, sauf une seule qui devient le prolongement de la tige primitive. Bientôt, au sommet de cette pousse, se reproduit la même apparition d'un bouton-couronne, et de pousses latérales. C'est, en termes de jardinier, une *seconde percée*. S'il est encore trop tôt, on peut, une fois encore, supprimer ce bouton et laisser se développer un des rameaux qui l'entourent, mais c'est déjà risqué, car il est des variétés qui ne produisent pas plus de deux fois des boutons couronnes et chez lesquelles, après la seconde percée, apparaissent tout de suite les boutons terminaux reconnaissables à ce qu'ils sont entourés d'autres boutons et non pas de bourgeons. Ces boutons terminaux, débarrassés de tous leurs voisins peuvent donner de belles fleurs, fleurs comparables chez certaines variétés à celles des boutons-couronnes, mais dans la plupart au contraire, tellement inférieures à celles-ci, qu'on serait bien souvent tenté de croire que les unes et les autres n'appartiennent pas à la même variété. Prendre à point, ni trop tôt, ni trop tard, le bouton-couronne, est une opération qui demande beaucoup de tact et d'expérience et qui révèle, mieux que toute autre, le talent du parfait chrysanthémiste.

Après que le bouton, destiné à donner la fleur géante, a commencé de se développer, les soins redoublent, l'alimentation devient de plus en plus substantielle, et toutes les précautions sont prises contre les intempéries et les accidents qui sont à redouter de la part des maladies et des insectes. Presque toujours le développement de la fleur doit se faire sous verre, d'abord pour éviter l'influence fâcheuse des pluies et des vents et aussi parce que la température extérieure n'est généralement pas suffisante en octobre et novembre, pour amener la complète expansion ni la parfaite coloration des fleurs. Par cette série progressive et continue de soins minutieux, les plantes sont amenées à produire ces monstres floraux que l'on regarde, dans les expositions automnales, avec autant d'étonnement que d'admiration.

Ces fleurs ne figurent que coupées et soigneusement étalées aux yeux du public, sur un fond approprié, et séparées de la plante qui les a produites.

Quand, au contraire, elles doivent concourir sur le pied même où elles se sont développées, la préparation doit s'en faire dans des conditions un peu différentes. D'abord la culture doit forcément être faite en pots, ensuite le bouturage doit avoir lieu un peu plus tôt, dans la proportion du nombre de tiges et de fleurs qu'on entend faire porter à la plante. Le point de départ est toujours une bouture de l'année, mais cette bouture sera pincée une fois au moins, de manière à produire plusieurs ramifications dont trois seront conservées, le minimum pour une plante d'exposition étant trois fleurs, et par conséquent trois tiges. Si l'on veut en avoir un plus grand nombre, il vaudra mieux les obtenir par de nouveaux pincements des trois premières tiges, que par la conservation d'un plus grand nombre de rameaux à la suite du premier pincement. Or, comme après chaque arrêt du développement des pousses, en vue d'obtenir des ramifications, il se produit un retard d'environ quinze jours dans la marche de la plante vers la floraison, on conçoit aisément que, pour amener à sa perfection une plante de 15 ou 20 tiges en même temps que celle qui n'en produira qu'une, il faut avoir commencé la culture de la plante ramifiée environ deux mois plus tôt que celle de l'autre. Les soins ultérieurs, pour la prise des boutons-couronnes, sont exactement les mêmes dans les plantes à plusieurs tiges que dans celles qui n'en ont qu'une. Mais il y a souvent une difficulté nouvelle qui se présente, c'est d'amener toutes les fleurs à se développer à la fois de manière à donner à la plante toute la perfection dont elle est susceptible. Ce système de culture à tiges multiples est beaucoup plus recommandable au point de vue des amateurs que celui de la fleur unique sur une seule tige.

Il est surtout important de remarquer que les procédés d'ébourgeonnement et de suppression des fleurs en excès peuvent trouver leur emploi aussi bien dans la culture en pleine terre que dans la culture en pots; et ce sont eux qu'il faut, avant tout, conseiller aux amateurs pour qui la culture sous verre ou en orangerie doit certainement fournir un appoint considérable de fleurs de choix ou de plantes propres à la décoration intérieure, mais qui cependant peuvent trouver la plus forte proportion des fleurs de chrysanthèmes, nécessaires aux bouquets de toute sorte, sur les plantes cultivées en plein air soit avec des abris mobiles, soit, sans aucune protection, sur les plates-bandes bien exposées, ou dans les coins protégés par les constructions. Qui n'a remarqué à la campagne, au pied parfois des plus pauvres maisons, de vieux pieds de chrysanthèmes vivant là depuis de longues années et donnant tous les ans, avec les soins les plus primitifs, des gerbes de fleurs merveilleuses d'abondance et d'éclat? Avec quelques soins intelligents tels que division et replantation fréquente des touffes, suppression au printemps de toutes les pousses, sauf les plus vigoureuses et les plus saines, pincement, au cours de la végétation, des rameaux et des boutons superflus, on doit arriver à produire aisément et abondamment une masse énorme de belles fleurs auxquelles il sera facile de donner, par le choix réfléchi des variétés plantées, autant de diversité au point de vue du coloris qu'à celui des formes, des dimensions et de l'époque de floraison.

*
* *

Si, réfléchissant sur les faits que nous avons cherché à résumer dans cet article, on se demande quelles sont les causes du succès prodigieux du Chrysanthème dans cette fin du XIXe siècle, il semble qu'on puisse en découvrir trois qui, sans être peut-être les seules, suffisent à motiver la faveur dont cette fleur est l'objet dans tous les pays et dans toutes les classes de la société.

La première se trouve dans l'époque où fleurit le Chrysanthème, lorsque toutes les fleurs d'été et la plupart des fleurs d'automne déclinent et disparaissent, et qu'il reste seul avec ses gerbes fraîches et vives, tirant dans les jardins le dernier feu d'artifice de la saison.

La seconde tient à l'originalité des formes de beaucoup de Chrysanthèmes, à la bizarrerie de leur apparence et à la singularité de leurs coloris. Ces caractères, coïncidant avec le développement de courants artistiques hostiles à la régularité extrême en toutes choses et avides de nouveau et d'inédit, dans les teintes comme dans les lignes, et aussi avec un engoûment prononcé pour tout ce qui est japonais, ont valu aux Chrysanthèmes un succès facile et une grande popularité auprès d'un public curieux de nouveautés esthétiques et exotiques.

Enfin, la troisième cause de la grande et persistante vogue des Chrysanthèmes paraît résulter, dans une grande mesure, de l'apparition ininterrompue de formes nouvelles, intéressantes, je dirai presque sensationnelles dans ce genre de plantes, et je ne parle pas ici seulement des variétés nouvelles à caractères de plus en plus variés, bizarres et imprévus, mais aussi des progrès en grandeur, en développement dans tous les sens, apportés à la plante et à sa fleur par des artifices de culture chaque année plus nombreux et poussés plus loin. Ce n'est pas, en effet, une exagération que de trouver moins de différence entre l'Églantine des haies et les plus belles Roses de nos jardins qu'entre le Chrysanthème sauvage de Chine et les fleurs exquises qui s'étalent aux devantures de Lachaume et des autres grands fleuristes de Paris, de Londres et de New-York.

Par ses améliorations et ses transformations continuelles, le Chrysanthème a constamment tenu en haleine l'attention et l'intérêt non seulement des amateurs, mais même des indifférents qui sont le grand nombre.

De là, je dégagerais volontiers cette conclusion : c'est que la vogue du Chrysanthème pourrait bien décroître si l'ardeur qui pousse en avant ses fidèles venait à se ralentir, et que la popularité, un peu bruyante dont il jouit aujourd'hui, ne se soutiendra vraisemblablement à son niveau actuel que si des créations et des innovations continuelles viennent entretenir et surexciter l'intérêt du public.

En attendant, les Chrysanthèmes sont partout répandus en hiver, pour la joie de nos yeux, et il ne semble pas, pour l'heure, qu'ils puissent jamais être remplacés. Dans les campagnes, ils parent les abords des habitations humbles ou riches, ornent les jardins, égaient même les cimetières. Dans les villes, on les trouve en bordures variées dans les squares et les jardins publics, dans les échoppes des fleuristes modestes et dans les voitures à bras de ceux qui portent les produits de la saison dans les quartiers laborieux, éloignés des marchés; ils constituent l'offrande des survivants à leurs morts aimés, se mettant à portée de toutes les ressources et s'élevant au niveau de tous les raffinements. Car nous les trouvons aussi choisis, exquis, parfaits, dans les fêtes les plus brillantes, dans les intérieurs les plus coquets, soit en gerbes resplendissantes dont les lumières avivent les teintes métalliques, soit relevant de leurs chaudes nuances les feuillages bronzés d'automne, soit charmant les longues journées des malades pour qui leur odeur saine et balsamique est sans danger.

Enfin, dans les jours qui leur sont spécialement consacrés, aux Expositions florales, on les voit se présenter en groupes si nombreux, en massifs si touffus, déployant à l'envi leurs larges fleurs massives ou légères, si riches de teintes, si éclatantes de fraîcheur, qu'il semble pour un moment que l'hiver soit vaincu et que le soleil fasse un retour offensif contre les brumes et les frimas. Et alors personne ne se pose plus de questions au sujet du passé et de l'avenir de cette plante si variable et si belle, mais se contente de l'admirer et de l'acclamer comme la reine incontestée de l'arrière-saison.

HENRY L. DE VILMORIN.

Décembre 1895.

LES DIFFÉRENTES CULTURES

DU

CHRYSANTHÈME

Opérations diverses

Pieds-Mères

Bouturage

Sport ou Dimorphisme

Semis

Eclats ou Drageons

Terre

Rempotages

Engrais

Surfaçage

Arrosages

Bassinages

Végétation du Chrysanthème

Pincements

Réserve du Bouton

Cassure du Bouton

Fig. 15. — Abri de Chrysanthèmes.

MULTIPLICATION du CHRYSANTHÈME

PIEDS-MÈRES

Toutes les variétés de Chrysanthèmes sont issues de semis : elles sont toutes plus ou moins hybridées et n'ont aucune valeur de reproduction par leurs graines en tant que variétés fixées. On les propage par éclats, par boutures ; c'est le même sujet fractionné qui s'étend.

La plante nouvelle, provenant d'un semis et qui est répandue dans le commerce, l'a été par divisions : elle ne s'est pas multipliée au sens propre du mot, car les graines qu'elle peut mûrir sont impropres à la reproduire dans sa forme et son coloris, mais donnent naissance à des plantes très diverses et souvent médiocres.

La dégénérescence attaque plus ou moins rapidement les végétaux ainsi reproduits, et les Chrysanthèmes peut-être plus que tous les autres, en raison de la constante et excessive multiplication dont ils sont l'objet, subissent inévitablement, au fur et à mesure de leur ancienneté dans les cultures, un épuisement qui les fera rejeter au moment où il ne sera plus possible d'en tirer le parti qu'on en espérait.

Il suffit d'examiner les catalogues pour se rendre compte que les variétés qui maintiennent pendant plus de dix ans les mérites constatés à leur début, sont très rares. Il y a donc intérêt à prolonger l'existence de ces variétés, en combattant, par tous les moyens dont dispose le cultivateur, leur décadence trop rapide.

La réussite de la culture du Chrysanthème dépend en grande partie des pieds-mères ; les plantes saines, vigoureuses, ayant poussé dans une terre riche, acquièrent la vigueur qui donne la solidité indispensable à toute fraction du sujet qu'elles doivent reproduire.

L'établissement des pieds-mères joue un rôle considérable et doit être suivi avec la plus grande attention, pendant tout le cours de leur végétation. Les plantes malades, celles de vigueur douteuse, sont supprimées immédiatement. A l'époque de la floraison, chaque sujet est vérifié au point de vue de l'authenticité de la variété et soigneusement étiqueté pour éviter toute erreur possible au moment de la multiplication. Toutes les plantes n'ayant pas fleuri sont impitoyablement rejetées, malgré les signes et caractères très particuliers du feuillage qui pourraient servir à les identifier sans la moindre hésitation, car les plantes dont la floraison a été nulle par suite d'avortements successifs des boutons, transmettent dans une certaine mesure, par atavisme, ce caractère, et il en résulte, malgré une culture attentive, une série d'insuccès dont on ignore généralement la cause.

Nous cultivons nos pieds-mères en pleine terre et en pots.

La culture en pleine terre ne peut se faire que dans un sol substantiel. Une bonne terre à blé, bien ameublie et convenablement fumée, convient particulièrement bien pour la plantation, que nous effectuons en avril, en plein champ, à notre Établissement de Massy-Palaiseau, aussitôt que les gelées ne sont plus à redouter ; la végétation y est vigoureuse, condition primordiale pour combattre la dégénérescence.

Le grand air, le plein soleil, sont aussi les meilleurs auxiliaires pour lutter contre les maladies de toutes sortes dont souffrent parfois les cultures dans les jardins, souvent trop enclavés, où l'atmosphère n'a pas toujours la pureté désirable.

Après la floraison, les tiges sont rabattues à quinze ou vingt centimètres, les plantes levées en mottes et placées sous châssis à froid, à bonne exposition, en prenant la précaution d'isoler les variétés les unes des autres.

La culture en pots, que nous pratiquons concurremment avec la culture en pleine terre, présente d'autres avantages. Peut-être les plantes n'y ont-elles pas toute la vigueur des sujets de pleine terre, tout au moins dans leurs parties aériennes, mais l'essentiel est qu'elles possèdent une souche solide.

La mise en pots se fait en avril, en utilisant la même terre que pour la culture en pleine terre, sans le moindre engrais, les pots enterrés pour éviter le dessèchement et de trop nombreux arrosages au cours de l'été. A l'automne, après vérification, les tiges sont rabattues et les pots rentrés.

Dans l'un comme dans l'autre cas, les plantes proviennent de bouturages effectués en janvier-février ; elles subissent un dernier pincement au début de mai et sont conduites à deux ou trois branches. Les variétés à *Grande Fleur* sont éboutonnées, et fleurissent sur boutons-couronnes, les variétés de *Marchés*, les *Simples*, fleurissent sur bouton terminal, sans éboutonnage.

Le Chrysanthème n'a pas, à proprement parler, de période d'arrêt de végétation ; il subit en hiver un ralentissement qui permet cependant dès décembre de bouturer, si les pieds-mères ont été rentrés dans une serre froide bien exposée, où l'éclairage est abondant.

Nous utilisons les pieds-mères en pots pour assurer les premières coupes de novembre à février. Épuisés à cette époque, nous les supprimons, et la multiplication continue avec les pieds-mères de pleine terre, qui sont en pleine végétation et fournissent d'excellentes boutures jusqu'en avril.

BOUTURAGE

D'une façon générale, on multiplie le Chrysanthème par le bouturage ; c'est le moyen de propagation facile, rapide et régulier, qui s'effectue en toutes saisons avec le même succès. Le point essentiel est de posséder des boutures vigoureuses, saines et trapues, à tige ferme, demi-ligneuse, et surtout de ne les prendre que dans un état de végétation apparent.

Les pousses sortant de terre donnent les meilleures boutures ; elles sont coupées à sept ou huit centimètres de longueur, très franchement, pour ne pas meurtrir les tissus, et toujours sous un œil. La première et la deuxième feuille, au-dessus de la coupe, sont supprimées pour favoriser le repiquage.

Plusieurs procédés de bouturage sont communément employés :

A *froid*, sous châssis ou en serre.

A *chaud*, sur couche ou en serre, sur bâches chauffées. Tous ont leurs avantages, mais cependant nous n'hésitons pas à donner la préférence aux méthodes dites *à froid*.

Fig. 15. — Boutures de Chrysanthèmes en caissette.

Dès octobre, les plantes émettent des pousses en plus ou moins grande quantité, selon les variétés ; on les bouture sous châssis, complétement à froid. Le repiquage se fait en godets, qui reçoivent chacun deux ou trois boutures, ou en petites caissettes, (Fig. 15), dans un compost de terre comprenant : moitié terreau, moitié bonne terre de jardin. Avec un matériel placé à bonne exposition, en

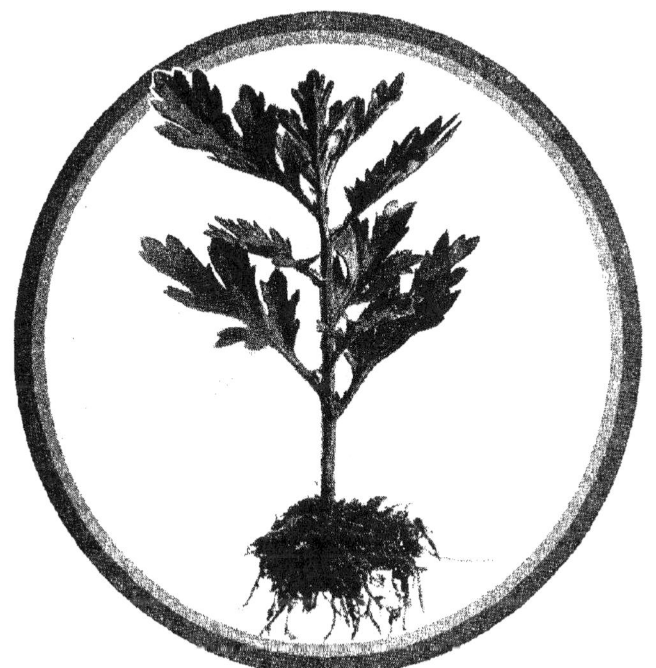

Fig. 16. — Bouture enracinée, prête pour l'empotage.

privant d'air, on obtient sous les châssis l'atmosphère propice à la reprise. La trop grande humidité est nuisible et engendre la pourriture. Au bout d'un mois au plus les boutures sont racinées ; on doit alors commencer l'aérage, modéré d'abord et augmenté progressivement. En février, les boutures sont rempotées et constituent d'excellents sujets, vigoureux, recommandables pour tous les genres de culture.

Le gros de la multiplication se fait en décembre-janvier, sur les pieds-mères rentrés dans ce but.

A cette époque, le bouturage sous châssis, complètement à froid, n'aurait qu'un résultat bien incertain ; nous le pratiquons en serre tempérée dont la température est maintenue à 10°, 12° au maximum.

Le repiquage se fait en petites caissettes, tenues aussi près que possible du vitrage, et, trois semaines après, les premières racines apparaissent. Immédiatement les caissettes sont sorties sous châssis à froid où les plantes finissent de raciner en même temps que la tige prend du corps. Les boutures sont habituées progressivement à l'air, et un mois plus tard elles peuvent être empotées individuellement en godets (Fig. 16). Elles sont à nouveau replacées sous châssis froid et serviront à former les plantes destinées aux diverses formes ou cultures.

A partir d'avril, la multiplication se fait sous châssis froid, de la même façon qu'en octobre.

Le bouturage à chaud a aussi ses partisans. Nous ne l'employons pas et ne le signalons qu'à titre d'indication pour ceux qui voudraient y avoir recours. La multiplication en serre, sur des bâches chauffées, exige une température de 18° à 20°. L'enracinement est rapide, mais le travail demande à être suivi de très près, car les radicelles sont sensibles à l'arrachage et les boutures s'allongent et s'étiolent si, aussitôt racinées, les plantes ne sont immédiatement empotées. Il est indispensable d'avoir, pour ces jeunes plantes sortant d'une température élevée, une petite couche où les godets seront enterrés après l'empotage, autrement les plantes fatiguent, languissent et sont de reprise capricieuse.

Sur couche, en godets, ou à même le sol de la couche, le bouturage n'est guère recommandable qu'à partir du mois de février ; la température à cette époque est plus favorable, le soleil prend de la force, est moins avare de ses rayons. Nous ne préconisons pas cette opération avant, car les jours sombres, l'humidité excessive, la neige, sont les pires ennemis des boutures ; il est en outre difficile de maintenir sous les châssis l'atmosphère saine qu'exigent les plantes ; la pourriture, la fonte, y produisent par suite de sérieux ravages.

La multiplication du Chrysanthème se fait d'octobre à mai ; il en résulte qu'une même variété, bouturée à cinq ou six dates

Fig. 17. — Multiplication des Chrysanthèmes. Jeunes boutures sous châssis.

différentes pendant cette période, présente au printemps des états de développement assez variables. Cette différence n'est que momentanée et très rapidement l'équilibre se rétablit avec la végétation puissante que détermine la saison.

Pratiquement on divise en deux saisons les époques de bouturage :

1° *Bouturage d'hiver :* qui comprend les plantes des coupes de novembre au début de février.

2° *Bouturage de printemps :* qui comprend les plantes des coupes de fin février à mai.

Cette division a son importance : le bouturage d'hiver convient à certaines cultures, celui de printemps est spécial à d'autres, comme nous le verrons par la suite.

Fig. 18. — Chrysanthème chinois.

SPORT OU DIMORPHISME

Un certain nombre de bonnes variétés doivent leur naissance à un phénomène particulier de végétation. On remarque quelquefois à la floraison, soit sur un rameau entier, souvent même sur une seule branche, des fleurs présentant des variations de coloris plus ou moins intenses et différents de celui de la variété type.

Cette variation est désignée sous le nom de *sport* ou *dimorphisme*.

Si le coloris ainsi apparu constitue une amélioration intéressante, il y a lieu de le fixer, c'est-à-dire d'en faire une variété nettement définie, car elle présentera sûrement les mérites de la plante-mère, mais avec un autre coloris.

La fixation d'un *sport* ne présente pas de difficultés : il suffit de bouturer les bourgeons qui peuvent encore exister sur la partie de la plante où a été constatée l'anomalie, ou, à défaut, d'essayer d'activer leur émission en couchant et en enterrant la branche dans le sable d'une serre à multiplication, pour favoriser leur développement. On a des chances que, parmi les sujets ainsi obtenus, quelques-uns reproduisent fidèlement le nouveau coloris qui sera désormais fixé.

Il n'existe pas de procédé de culture pour provoquer l'apparition de ces *dimorphismes* ; ils sont peu fréquents d'ailleurs si l'on considère le nombre élevé des variétés de Chrysanthèmes, et ne se manifestent généralement que sur les variétés d'élite dont la multiplication est faite à outrance. Le phénomène peut se rencontrer simultanément chez plusieurs cultivateurs : c'est l'indice à peu près certain que la variété est parvenue à sa période d'apogée.

Quelques très beaux *sports* se sont largement répandus dans la plupart des cultures, parmi les variétés à grande fleur très cotées ; nous en citons quelques-uns :

UNDAUNTED de coloris magenta, a donné *Salonica*, cramoisi carminé et *Petit Paul*, blanc nuancé magenta.

LOUISA POCKETT, blanc pur, a donné un sport jaune, *Peace*.

Rigby, jaune canari, est sorti de Mrs Gilbert Drabble, blanc pur et *Souvenir de Charles Foucard*, jaune paille, de René Albert, blanc pur ; enfin William Turner, blanc pur, a produit deux variétés remarquables : *Tysoe*, jaune soufre et *Pink Turner*, rose tendre.

Les plantes de Marchés ont aussi donné de bons sports et l'on doit à Baronne de Vinols, d'un beau coloris magenta, une quinzaine de variétés dont les mérites égalent ceux de la plante-mère.

Rose Poitevine, rose brillant, a produit *Georges Laplace*, rouge cuivré.

Rufisque, rose vif, centre or, a donné *Souvenir de Louis Courbron*, jaune abricot.

SEMIS

Comme nous l'avons exposé au début du chapitre Pieds-Mères, le semis n'a aucune valeur comme mode de reproduction de variétés fixées : il restera toujours l'apanage des spécialistes à la recherche de nouveaux gains, car parmi les innombrables variétés connues jusqu'à ce jour, il se produit chaque année une dégénérescence qui oblige les semeurs à continuer leurs recherches.

Les cultures pour graines se font sur le littoral méditerranéen, car, sous le climat de Paris, le Chrysanthème les mûrit difficilement en plein air ; il faut travailler les plantes sous verre et opérer des fécondations artificielles au moyen desquelles on ne peut obtenir que quelques rares graines.

On sème en février-mars, en terrines, en serre ou sous châssis. La levée est rapide et au bout de deux à trois semaines on peut repiquer. Il est préférable de faire ce repiquage en caisses ou en terrines, que l'on conserve sous châssis froid jusqu'à la reprise.

En avril, les plantes sont livrées à la pleine terre ou cultivées en pots. Elles fleurissent l'année même, mais cette floraison procure souvent bien des déceptions : le Chrysanthème se reproduit très mal en effet, car toutes les variétés proviennent d'hybrides et leur descendance se trouve, par suite, profondément modifiée.

L'obtention de quelques bonnes variétés nouvelles nécessite de gros frais de culture; elle représente un infime pourcentage des semis, et il faut poursuivre pendant un minimum de trois ans la culture de chaque plante pour avoir une connaissance réelle de sa valeur.

Les améliorations recherchées pour les variétés nouvelles, portent non seulement sur la couleur, sur l'ampleur, mais aussi sur la forme de la fleur. Il faut chercher à obtenir des variétés toujours plus robustes, plus vigoureuses, opposant une résistance plus grande aux maladies qui finissent par appauvrir, diminuer, détruire les meilleurs sujets.

MULTIPLICATION PAR ÉCLATS OU DRAGEONS

Ce mode de multiplication est des plus simples et à la portée de tout amateur ne disposant pas de matériel spécial. Malheureusement il a l'inconvénient de ne donner qu'une multiplication fort restreinte, tout au moins pour beaucoup de variétés peu prolifiques de drageons.

Si, au lieu de couper l'extrémité des pousses pour faire des boutures, on les sectionne assez profondément à l'intérieur de la motte, on constate que les parties souterraines sont déjà garnies de racines sur une certaine longueur. On obtient ainsi des plantes établies que l'on soumet aux mêmes traitements que les boutures enracinées. Placés dans un milieu convenable, sur les tablettes d'une bâche de serre ou sous châssis, privés d'air pendant quelques jours, les drageons ne subissent pas d'arrêt dans leur végétation.

Indépendamment du peu de plantes qu'il donne, ce procédé de multiplication a un défaut: il est fort irrégulier et de grandes différences de vigueur existent entre les sujets qui en sont issus.

S'ils ont le mérite de donner des plantes à grand développement, les bons drageons sont excessivement rares et souvent même n'existent pas sur certains pieds-mères. Comme nous le verrons, on les emploie pour l'établissement des formes japonaises, des spécimens et des tiges.

TERRE

Comme toutes les plantes à grande végétation, le Chrysanthème est exigeant sous le rapport du sol et demande une terre substantielle pour donner une belle floraison.

Il résulte des différentes expériences qui ont été faites, dans le but d'établir le compost donnant les meilleurs résultats de végétation et de floraison, que la terre franche, légèrement siliceuse, convient bien à la culture du Chrysanthème.

Nous recommandons pour la culture en pot le mélange suivant :

2/3 terre franche siliceuse,
1/6 terreau de fumier bien consommé,
1/6 de terreau de feuilles.

Nous employons ce compost pour la culture des plantes que nous présentons aux expositions. Il est préparé à l'automne, par un temps sec, quand les terres sont bien ressuyées. On mélange aussi intimement que possible la terre et le terreau en les retournant deux ou trois fois à la pelle, puis le tout est passé à la claie et mis ensuite en tas pour l'hiver. Nous conseillons, chaque fois qu'il est possible de le faire, de l'abriter des pluies et des neiges pour le maintenir en parfait état.

Quatre à cinq semaines avant chaque rempotage on prélève sur le tas la quantité de terre nécessaire et on y incorpore les doses d'engrais Vilmorin correspondant au pourcentage indiqué pour chaque culture.

REMPOTAGE

Les rempotages sont indispensables au développement des racines. A la suite de chacun d'eux, un chevelu ténu tapisse les parois et le fond de la motte, et après cette succession d'opérations, la plante est amenée au dernier calibre de pot avec des racines

abondantes, capables de puiser et de lui fournir les éléments nutri-
tifs dont elle a un besoin intense pour sa floraison.

Beaucoup d'insuccès peuvent être imputés à un mauvais rempotage, ou encore à un défaut d'observation dans la progression des
calibres de poterie. Le rempotage d'une plante dans un trop grand
pot ne donne jamais le résultat qu'on serait tenté d'en attendre.
les racines pénétrant immédiatement au travers de la motte
sans s'y être ramifiées, arrivent sur les parois du pot et une partie
du compost se trouve ainsi inutilisée. Il faut graduer progressivement le diamètre de la poterie de 4 à 5 cent. à chaque rempotage.
La jeune plante, provenant de bouture, élevée en godet de 0m07 ou
0m08, passe une première fois en pot de 0m11 ou 0m12, une deuxième
ois en pot de 0m16 ou 0m17, et finalement en pot de 0m20 ou 0m22
et enfin, s'il s'agit de culture *Spécimen*, en pot de 0m30.

Il n'y a pas de date fixe pour le rempotage ; c'est l'état de
développement des racines qui guide. Toute plante dont les racines
tapissent les parois du pot doit être rempotée sans attendre qu'il
se forme un feutrage épais.

A chaque opération, assurer le drainage au moyen de tessons
qui empêchent l'obstruction du ou des trous ménagés dans le fond
des pots.

A partir du deuxième rempotage, une très bonne pratique
horticole consiste à placer sur le drainage une certaine quantité de
mottes n'ayant pas passé au travers de la claie au moment de la
fabrication du compost et que l'on aura eu soin de conserver à cet
effet. Cette couche de terre grossière laisse passer l'eau et retient
la terre fine ; il est à remarquer que les racines s'en accommodent
très bien et s'y développent normalement. Recouvrir ensuite ce
drainage d'une petite quantité de terre modérément foulée et
l'égaliser pour servir d'assise à la motte ; la plante est placée de
manière que la tige soit bien dans l'axe du pot.

Au moment du rempotage, la terre du compost doit être plus
sèche qu'humide, afin ne pas former mastic sous la pression effectuée autour de la motte au moyen d'une spatule de bois.

Les racines prennent plus de corps dans une terre tassée que
dans une terre légère ; il ne faut pas craindre d'appuyer sérieuse-

ment sur le compost, sans toutefois tomber dans l'exagération qui en ferait un bloc solide, dans lequel ces racines ne pourraient pénétrer qu'avec beaucoup de difficulté.

Un espace vide de deux à trois centimètres est ménagé à la partie supérieure du pot pour recevoir les eaux d'arrosage.

ENGRAIS VILMORIN

Il est très difficile de trouver une formule parfaite d'engrais, s'adaptant à tous les composts. Ces derniers, composés d'une façon très variable, suivant la richesse des terres dont on dispose, ne présentent pas tous les mêmes principes fertilisants et des différences considérables existent pour chacun d'eux.

L'effet des engrais est également variable selon la composition chimique de la terre et tel engrais, donnant un excellent résultat au cours d'une culture, ne produit l'année suivante qu'un effet déplorable pour la même culture, parce que les terres employées dans le compost sont acides ou calcaires et neutralisent l'assimilation des principes actifs de l'engrais. Le Chrysanthème en a cependant besoin pour donner son complet développement : il vit en pot durant plus de six mois et les racines épuiseraient très rapidement la terre si l'on n'avait la précaution d'y adjoindre une réserve de principes fertilisants.

L'accroissement de la plante est le résultat de l'absorption des substances nutritives, de leur élaboration et surtout de leur assimilation.

Nous avons été amenés, après de longues années d'études, à établir un engrais correspondant aux besoins de la plante et dont la durée d'assimilation correspond également à la durée de la végétation.

L'engrais Vilmorin se recommande par l'extrême facilité de son emploi. Dosé mathématiquement et d'une fabrication absolument régulière, il peut être employé par les débutants sans le moindre danger pour les plantes : la seule recommandation que nous ayons à faire, est de l'incorporer au mélange de terre environ quatre à cinq semaines avant le rempotage, afin de permettre aux différents éléments qui le composent d'opérer leur travail préparatoire.

La dose à laquelle on peut l'employer pour la culture en pots ne doit pas excéder 3 kil. d'engrais pour 100 kil. de terre et cela en surfaçage seulement. Le dosage débute à 1/2 % au premier rempotage et passe graduellement à 1 % et 2 % au dernier; il faut en effet amener progressivement les plantes à cette quantité. Sous son influence, elles acquièrent une végétation splendide : la charpente est solide, de bonne tenue ; le feuillage ample, bien développé, bien vert et nullement cassant : la floraison est remarquable par la dimension des ligules et l'éclat des coloris.

L'engrais Vilmorin donne aussi les meilleurs résultats pour la culture de pleine terre. En mars, 15 jours au moins avant la plantation, incorporer au sol par un hersage profond, 10 kil. d'engrais Vilmorin à l'are, soit 100 gram. par mètre carré. En juillet, un nouvel apport d'engrais Vilmorin est répandu dans la proportion de 5 kil. à l'are, et mélangé au sol par un léger binage, sans toutefois endommager les racines.

SURFAÇAGE

A partir de fin-juillet, les composts sont appauvris, les racines ont absorbé une bonne partie des éléments fertilisants, les eaux d'arrosage en ont également fait perdre et il n'est plus possible d'augmenter le calibre des pots. C'est cependant à partir de ce moment qu'une terre riche est le plus nécessaire à la plante; la charpente en est établie, le feuillage abondant ; c'est la période de végétation puissante, coïncidant avec l'apparition des boutons floraux ; autant de causes qui justifient un nouvel apport de matières fertilisantes pour remplacer celles épuisées : cet apport est fait par le *surfaçage*.

L'opération consiste à enlever une couche de quelques centimètres de terre à la partie supérieure du pot, terre qui est remplacée par un compost neuf.

Une nourriture trop riche, donnée avant le complet développement des racines, n'est pas recommandable : il faut y arriver progressivement. Or, au moment du surfaçage, la plante possède de très nombreuses racines, et sa puissante capacité d'absorption permet de forcer le dosage d'engrais dans le compost employé. L'*engrais Vilmorin* y est utilisé à 3 % ; cette proportion serait nuisible pour un rempotage, mais en surfaçage, elle n'a qu'un effet bienfaisant.

On fait un excellent surfaçage en fixant, à l'intérieur du pot, une bande de zinc, haute de quatre à cinq centimètres, formant couronne à la partie supérieure et remplie de compost neuf.

ARROSAGES

L'arrosage règle l'état de santé des plantes et exige quelques connaissances si l'on veut maintenir les cultures saines et vigoureuses.

Le Chrysanthème aime l'eau, mais il faut ne la lui donner qu'à bon escient.

On sait que les *spongioles* (extrémité des racines) possèdent la propriété d'absorber les liquides au milieu desquels elles sont plongées et que les parties aériennes de la plante, tiges et feuilles, placées dans un milieu sans humidité servent à la fonction inverse, c'est-à-dire à l'évaporation des liquides absorbés. L'absorption par les racines s'exerce d'autant plus rapidement que l'évaporation est plus active.

Pendant les périodes humides, l'évaporation est faible, puisque les parties aériennes chargées de l'exhalation des liquides se trouvent dans un milieu chargé d'humidité : il s'en suit que l'absorption par les racines doit être modérée, sinon l'équilibre serait aussitôt rompu. La plante prendrait alors un aspect maladif qui se traduirait par la décoloration des tissus ; les feuilles perdraient leur couleur verte et deviendraient jaune verdâtre ; ce serait la chlorose. Un excès prolongé d'humidité détermine des conséquences plus graves : les racines noircissent, la plante fane et ne tarde pas à périr.

On doit éviter les petits arrosages souvent répétés qui maintiennent la motte dans un état permanent de saturation, ou qui le plus souvent mouillent superficiellement, alors que le fond du pot est sec. Donner, au contraire, des arrosages copieux à intervalles plus ou moins éloignés selon l'état atmosphérique. Les arrosages fréquents lavent le compost et entraînent toujours une certaine quantité de matières nutritives.

Les tessons placés sur les trous des pots facilitent l'écoulement de l'eau et empêchent leur obstruction par la terre du compost. Il arrive quelquefois, malgré cette précaution, que l'eau ne s'écoule plus ; les tessons alors ne remplissent pas leur rôle ; il suffit de soulever les pots, et avec un bout de fer ou de bois d'exercer une pression par l'orifice pour rétablir la bonne circulation.

Pendant les périodes très chaudes, arroser, le matin de préférence ; on assure ainsi à la plante la provision d'eau nécessaire à son alimentation dans la journée, au moment où elle fatigue le plus et a le plus besoin d'humidité ; l'état de sécheresse où elle peut même être arrivée le soir ne lui est pas nuisible car elle trouve dans l'atmosphère plus tempérée de la nuit le raffermissement des tissus fatigués par la chaleur du jour.

BASSINAGES

Les bassinages sont indispensables pendant les longues périodes de chaleur dépourvues d'humidité, afin d'éviter aux parties aériennes de la plante l'épuisement qui se produirait inévitablement sous l'influence du travail intense de l'évaporation.

L'équilibre, comme nous l'avons dit, doit-être constant entre l'absorption et l'évaporation ; or il arrive, certaines années très chaudes, que sous l'influence d'un soleil ardent, l'évaporation n'est plus compensée et la plante souffre : si cette période correspond au moment de la réserve du bouton, elle provoque de nombreux dessèchements.

On remédie à cet état de chose par des bassinages fréquents sur le feuillage, et aussi en mouillant souvent les sentiers pour y entretenir une fraîcheur bienfaisante.

VÉGÉTATION DU CHRYSANTHÈME

Pour bien comprendre la culture du Chrysanthème, il est indispensable de connaître sa façon de végéter. Les désignations de *bouton-couronne* (B.-C.), *bouton terminal* (B.-T.), *percée*, effraient le débutant : l'époque des pincements lui cause toujours des ennuis et la réserve du bouton le déroute complètement.

Fig. 29. — Chrysanthème. C. Bouton-couronne.

La culture du Chrysanthème demande beaucoup d'attention : elle est passionnante, mais ne présente pas d'obstacles réels. Pour la mieux faire comprendre, suivons les évolutions qui se produisent sur une plante livrée à elle-même, depuis l'époque de sa mise en place en pleine terre, au mois d'avril, pendant son développement et jusqu'à sa floraison, sans qu'aucun traitement cultural n'inter-

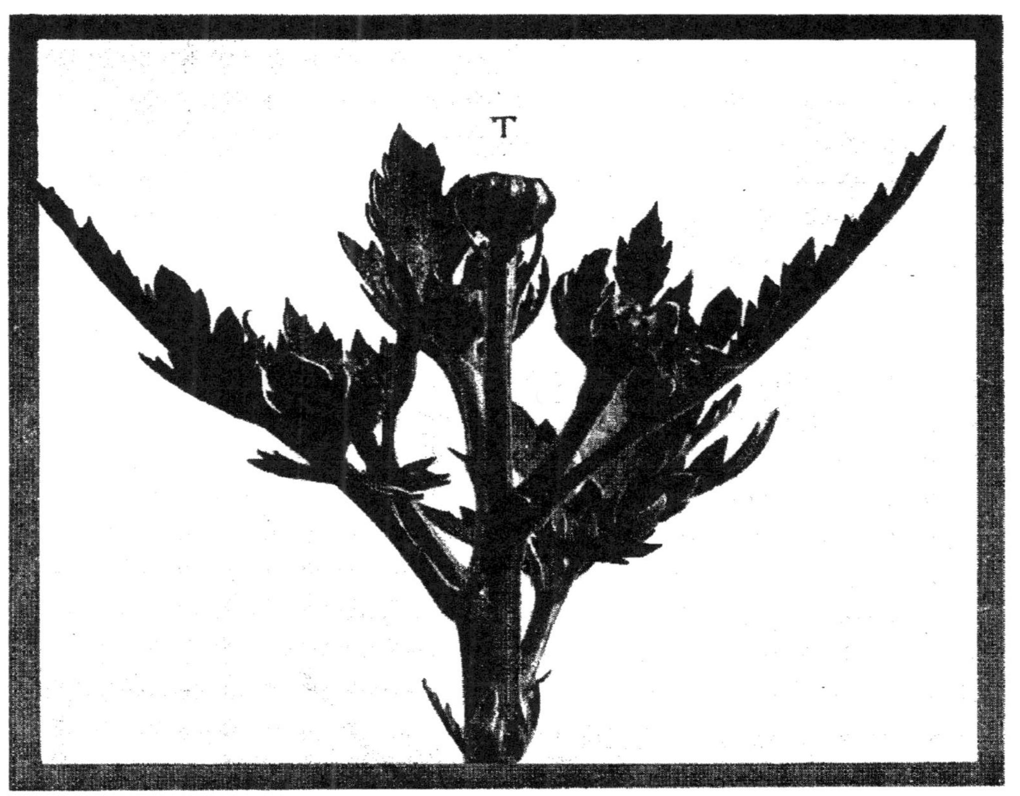

Fig. 20. — Chrysanthème. T. Bouton terminal.

vienne. Nous constaterons que la plante subit, au cours de sa croissance, des modifications particulières sur lesquelles on s'est basé pour établir les modes actuels de cultures.

La bouture racinée, plantée en pleine terre dès que le temps le permet, continue à croître sur une seule tige ; les feuilles se développent, la tige grossit, s'allonge, mais ne se ramifie pas. A un moment donné, l'extrémité de la tige se modifie, prend plus de volume et l'on aperçoit une quantité de petits bourgeons qui apparaissent groupés. En observant très attentivement, on remarque que parmi ces bourgeons, celui du centre a une forme un peu spéciale, moins allongée que ceux qui l'entourent ; c'est en effet, non pas un bourgeon foliacé, mais un bouton floral bien constitué. Ce petit bouton avorte, tandis que les bourgeons foliacés qui l'accompagnent se développent et forment autant de tiges nouvelles. Ce phénomène constitue la *percée* ou ramification naturelle du Chrysanthème ; c'est la conséquence de l'apparition d'un *bouton-couronne* (B.-C.). Fig. 19.

Notre plante possède maintenant plusieurs tiges : sous l'influence de la végétation, très active à cette période, chacune d'elles se développe rapidement et ne tarde pas à présenter la même particularité que nous avons observée une première fois, c'est-à-dire une masse de petits bourgeons foliacés entourant un bouton ; c'est une nouvelle *percée*. Le bouton avortera et les bourgeons donneront naissance à une deuxième ramification.

Suivant l'époque du bouturage et aussi selon les variétés, il peut se produire ainsi 2, 3 ou 4 *percées*.

La croissance de la plante serait indéfinie si ce mode de ramification ne trouvait un arrêt à l'apparition du *bouton terminal* (B.-T.) (Fig. 20) qui est le point extrême du développement du Chrysanthème. Contrairement à ce qui s'est produit jusqu'alors, ce bouton n'est accompagné que d'autres boutons floraux à l'exclusion de tout bourgeon foliacé. Tous se développent et donnent naissance à autant de fleurs. Le B.-T. se présente généralement en octobre et termine le cycle végétatif du Chrysanthème.

L'apparition de chacun de ces différents boutons permet au cultivateur de modifier le mode de croissance de la plante. Il va de soi que si, au moment de l'apparition d'une *percée* on supprime

Fig. 21. — Premier pincement.
Le trait indique l'endroit où il sera fait.

Fig. 22. — Chrysanthème
après le premier pincement.

tous les bourgeons foliacés pour ne conserver que ce bouton-couronne, la croissance de la tige se trouve arrêtée au profit de ce dernier qui, restant seul, profite de toute la sève, se développe rapidement et donne naissance à une fleur d'autant plus grosse qu'elle est unique sur la tige. La réserve du bouton-couronne est fort importante, c'est en quelque sorte le régulateur de la floraison.

Le *bouton terminal* n'est plus guère employé dans la culture actuelle: il se présente d'ailleurs toujours très tard, et donne par suite une floraison tardive moins belle que celle obtenue avec un bouton-couronne.

PINCEMENT

Avec les procédés actuels de culture, la ramification des plantes ne s'obtient plus par la percée naturelle; on a recours au pincement, opération essentielle, qui consiste à couper la tige pour favoriser le développement des yeux qui se trouvent à l'aisselle des feuilles.

Il y a avantage à ne pincer que juste l'extrémité de la tige, l'éborgner simplement. Les bourgeons latents y sont très rapprochés et se développent avec d'autant plus de facilité qu'ils sont plus jeunes. C'est du pincement judicieux que dépend la floraison, car une relation intime existe entre la date du dernier pincement et l'apparition du B.-C. qui donnera la floraison.

Ceci n'implique pas que des données immuables soient établies par les cultivateurs et qu'on puisse dire que sur une plante pincée à date fixe apparaîtra le B.-C. à une époque déterminée. Trop de variations interviennent chaque année dans les cultures : le climat change avec les contrées, la température elle-même n'y est pas constante, l'exposition des plantes, la nature des composts employés sont autant de facteurs susceptibles de modifier la végétation et par conséquent de rendre incertaines les prévisions qui sembleraient les mieux établies.

Les plantes ne peuvent être pincées qu'aux périodes de végétation active. Éviter de le faire au moment des rempotages ou de la mise en pleine terre, car toujours ces opérations déterminent un ralentissement dans la végétation.

L'effet du pincement est excessivement variable, suivant les variétés auxquelles il est appliqué ; il peut donner naissance à deux rameaux et jusqu'à six, qui très rarement se développeront avec une même vigueur ; les supérieurs prendront toujours plus de force et ne tarderont pas à déséquilibrer la charpente. Dans ce cas ne pas hésiter à supprimer les rameaux les plus grêles pour ne conserver que ceux de vigueur à peu près semblable qui assureront une répartition de sève régulière au moment de la floraison et présenteront leur B.-C. à peu près à la même hauteur.

Nous donnons dans la description de chaque culture les détails sur l'époque des pincements.

RÉSERVE DU BOUTON

De toutes les pratiques horticoles, la *réserve du bouton* est celle qui cause le plus de soucis au débutant dans la culture du Chrysanthème. Cette réserve ne présente cependant aucune difficulté et avec quelque attention, l'amateur sera vite initié à l'opération de *prise du bouton* (terme impropre que l'usage a consacré); nous dirons *réserve du bouton* qui s'y applique plus exactement.

Comme nous l'avons vu dans l'évolution d'une plante, avant l'apparition du bouton terminal qui achève son développement, il peut se présenter deux ou trois boutons-couronne.

Le bouton-couronne donne une fleur supérieure, toujours de dimensions plus grandes et de meilleure duplicature que celle produite par le bouton terminal ; c'est donc un bouton-couronne qu'il faut réserver. Mais à quelle époque et quel bouton faut-il réserver ?

Le Chrysanthème est fleur d'automne, il triomphe d'octobre à décembre; sa floraison avant cette date ne présente pas d'avantages réels, car les jardins foisonnent de fleurs de toutes sortes. Il faut donc choisir le bouton-couronne qui s'épanouira pour cette époque, et comme son développement complet s'effectue en deux mois environ, c'est le mois d'août que nous recommandons pour la *réserve du bouton*.

On désigne sous le nom de premier bouton-couronne celui qui se présente à la suite du pincement fait en avril, quelle que soit l'époque du bouturage et le nombre de pincements antérieurs. Le deuxième B.-C. est celui qui se présente par suite de la suppression du premier.

En se basant sur ces données, il résulte qu'en août les plantes présentent soit un premier B.-C., soit un deuxième, la végétation plus ou moins rapide des variétés jouant un rôle considérable dans la question. Les variétés à végétation lente présenteront leur premier B.-C., tandis que sur les variétés à végétation rapide, c'est le deuxième B.-C. qui se présentera et qu'il faudra réserver.

Pour réserver le B.-C., c'est-à-dire supprimer les bourgeons feuillus qui l'accompagnent, il faut savoir apprécier le moment exact où tous ces bourgeons sont suffisamment développés pour permettre de les saisir sans porter atteinte au bouton-couronne; l'opération se fait avec l'ongle ou la pointe d'un instrument quelconque. Si l'on opère trop tôt, on risque fort d'endommager la texture du bouton: il pourra avorter ou se développer de façon difforme; si l'on attend trop, les bourgeons ont pris alors du développement à son détriment, il est déjà anémié et n'a plus la vitalité suffisante pour se bien développer.

L'expérience sera la meilleure conseillère, et, en observant la végétation des plantes, elle indiquera, mieux que nous ne saurions le dire, le moment de la suppression des bourgeons feuillés.

Nous conseillons aux débutants de conserver en même temps que le bouton, un bourgeon feuillé qui sera supprimé quelques jours plus tard, quand on aura acquis la certitude que le bouton n'a subi aucune atteinte. Ce bourgeon, en cas de dessèchement du bouton, sert de prolongement à la tige et donnera un autre bouton-couronne quelques semaines plus tard.

La réserve du bouton provoque toujours un trouble dans le développement de la plante: sa végétation est contrariée, et comme toute son activité se trouve d'un seul coup concentrée sur ce petit organe, elle a besoin pendant quelques jours de soins spéciaux. C'est un moment critique, et s'il correspond à une période de fortes chaleurs, il faut redoubler de vigilance, car l'avenir de la culture réside dans ce bouton qui n'a encore qu'une apparence bien chétive.

Une température de plus de 30° est nuisible au Chrysanthème; elle provoque la *sèche* ou avortement du bouton et occasionne de nombreux mécomptes. Pour obvier à cet accident, nous conseillons l'ombrage pendant les heures de grande insolation et les bassinages fréquents; ils entretiennent l'humidité sur les parties foliacées et empêchent la rupture d'équilibre entre l'absorption par les racines et l'évaporation par les parties aériennes des plantes.

Beaucoup de variétés présentent un changement dans le coloris des fleurs selon que les boutons sont réservés tôt ou tard ; les boutons tardifs donnent généralement une fleur plus colorée. La forme des capitules varie également avec l'époque de réserve du bouton ; en bouton tardif certaines variétés perdent de leur duplicature.

CASSURE DU BOUTON

L'excès de sève, par suite de la végétation luxuriante des plantes, produit parfois, sur certaines variétés, juste sous le bouton-couronne, un éclatement circulaire de la tige ; le bouton se détache et tombe de lui-même, ou bien il continue à se développer, difforme, jusqu'au moment où son poids, arrivant à rompre les faibles parties qui le maintenaient encore à la tige, le fait se détacher complétement. C'est la *cassure du bouton*.

Cet accident se produit sous l'influence des nuits humides et chaudes de septembre et l'application des engrais y contribue pour beaucoup. La tige se gorge de sève à l'excès, le bouton-couronne n'arrivant plus à tout assimiler, il se produit à sa base un gonflement des tissus qui ne tarde pas à les faire éclater.

Pour remédier à cet état de choses, il suffira de faire, avec la pointe du greffoir, immédiatement au-dessous du bouton, une incision longitudinale de 3 à 4 centimètres, avant que l'éclatement se produise. Cette incision n'entaillera que très légèrement l'épiderme de la tige et ne nuira en rien au développement de la fleur.

Fig. 25. — Chrysanthème japonais incurvé, Tourangeau.

CHRYSANTHÈMES

Maladies

Insectes

Fig. 21. — Chrysanthème japonais recurvé. La Puisaye

MALADIES

Avant d'aborder les différents modes de cultures, nous croyons bon de donner quelques indications sur les maladies du Chrysanthème. Toutes sont dues à des végétaux cryptogames parasites dont les spores, produites en quantités innombrables, sont emportées par le vent dans toutes les directions et contribuent à propager le fléau.

La petite nomenclature qui suit ne contient que les principales maladies dont souffre le Chrysanthème ; il en existe beaucoup d'autres, moins importantes, dans le détail desquelles le cadre de cet ouvrage ne nous permet pas d'entrer. Les traitements que nous recommandons s'appliquent à toutes sans exception ; en les pratiquant avec méthode et surtout d'une façon préventive, c'est-à-dire sans attendre leur apparition, on est certain de conserver aux plantes le feuillage abondant, sain, bien développé et d'une jolie teinte verte, indispensable pour donner à la fleur toute sa valeur.

A partir du mois de mai, et régulièrement deux fois par semaine, le matin de préférence, faire une légère application de *soufre précipité Schlœsing*, répandu en nuage à l'aide d'un soufflet spécial ; (le soufflet, type « Furet », est le plus recommandable). Le soufre entrave le développement des spores.

Tous les quinze jours, à l'aide d'un pulvérisateur, ou à défaut avec une seringue fine, appliquer sur toutes les parties de la plante une solution cuprique.

Nous ne saurions trop recommander le *carbosanol bouillie H. R.* dont l'emploi est aussi facile qu'efficace.

Grâce à ces précautions, nous pouvons dire que nos cultures ont toujours été exemptes de maladies et que, si quelques taches isolées se sont montrées, nous sommes arrivés à arrêter la marche du fléau sans avoir eu à souffrir gravement de ses attaques.

Oïdium du Chrysanthème ou Blanc.

Oidium Chrysanthemi.

Se caractérise par des taches blanchâtres, d'un aspect farineux, sur la face inférieure des feuilles. Ces taches s'étalent et envahissent rapidement la feuille entière qui durcit, se dessèche et finit par tomber. Maladie très fréquente pendant l'été, les grandes chaleurs humides favorisant le développement des spores.

Rouille du Chrysanthème.

Puccinia Chrysanthemi.

C'est la maladie la plus dangereuse et qui peut causer de grands ravages dans les cultures si elle n'est combattue dès son apparition. Elle se manifeste, le plus souvent, à la face inférieure des feuilles par de petites taches de couleur brun rougeâtre; les feuilles ne tardent pas à être parsemées de ces taches : elles se crispent, noircissent et tombent.

Très envahissante, cette rouille se développe avec une incroyable rapidité. Dès l'apparition des premières taches, couper les feuilles atteintes et les brûler.

Brunissure.

Septoria Chrysanthemi.

Pendant tout le cours de la végétation, la brunissure attaque le Chrysanthème; elle se développe sur la face inférieure des feuilles qui présente alors des taches brunes, arrondies, entourées d'un cercle blanchâtre ; peu à peu les taches se réunissent et envahissent totalement la feuille qui finit par tomber.

Un autre champignon (*Aecidium Leucanthemi*) détermine à la face inférieure des feuilles des proéminences, closes d'abord, mais qui, en s'ouvrant, laissent échapper des spores également brunes et non moins dangereuses que les précédentes.

Chlorose.

Les sujets qui en sont atteints ont une teinte jaunâtre, leur feuillage devient flasque, la plante prend un aspect languissant bien caractéristique et finit par périr. C'est surtout l'excès d'humidité de la terre qui en est la cause. Laisser bien ressuyer la plante, et, tous les huit jours, arroser avec une solution de sulfate de fer à la dose de un gramme par litre d'eau. La plante recouvrera son état normal assez rapidement.

INSECTES

Le Chrysanthème est dévasté aussi par de nombreux insectes : les dégâts causés dans les cultures seraient importants si la lutte n'était soutenue sans relâche depuis le début de la végétation.

Nous n'en citerons que quelques uns, d'autant plus redoutables qu'ils sont plus petits et contre lesquels il est indispensable de prendre des précautions pour éviter leur apparition ou s'en défendre quand ils ont pris pied dans les cultures.

Le traitement est le même pour tous : chaque semaine une application, au pulvérisateur, d'insecticide C. P. est le moyen efficace qui nous a permis de ne jamais avoir eu à souffrir sérieusement des attaques de ces dangereux insectes.

Aphrophora Alni FALLEN.

Aphrophore de l'Aune.

Insecte sauteur, de 7 à 8 millimètres de longueur, grisâtre, avec des taches blanches sur les élytres. Il pique les tiges et les feuilles qui prennent ensuite une teinte marbrée, caractéristique, se développent mal et dépérissent.

La femelle pond à l'automne ; les œufs passent l'hiver en terre, donnant naissance, en avril, à des larves verdâtres qui gagnent les jeunes bourgeons, qu'elles piquent pour vivre de leur sève ; elles s'entourent d'une sécrétion écumeuse, connue sous le nom de *crachat de Coucou.*

Calocoris Chenopodii FALLEN.

Genre de petite punaise de terre, très agile et très difficile à saisir. L'insecte adulte est d'un vert clair : il a de 7 à 8 millimètres de longueur ; la tête est triangulaire ; les ailes gris verdâtre : les pattes sont garnies de soies rudes et courtes.

Elle apparaît à partir de juin ; on la voit sur les parties bien insolées. Le mâle pique les bourgeons et les boutons, qui se déforment. La femelle, plus dangereuse encore, dépose ses œufs à l'intérieur du tissu des feuilles, où les larves éclosent et vivent aux dépens du parenchyme.

Grapholitha minutana TREITSCHKE.

Petit papillon grisâtre de 8 à 9 millimètres de longueur. Sa chenille attaque les boutons, qu'elle creuse, ainsi que le pédoncule floral et la tige. Ses ravages sont décelés par l'aspect fané que prennent les parties perforées.

Les dégâts occasionnés par les chenilles de ce papillon sont très importants.

Phytomyza geniculata MACQUART.

Très petite mouche, pointillée de gris, produisant des larves qui vivent dans le parenchyme des feuilles où elles creusent des galeries tortueuses, d'aspect blanchâtre, dans lesquelles elles se transforment en nymphes. Au bout d'un temps plus ou moins long, les feuilles se flétrissent et tombent.

Arracher les feuilles atteintes et les brûler.

Les *Pucerons* vivent aussi aux dépens du Chrysanthème, mais ils ne résistent pas aux applications d'insecticide.

Les *Thrips* (*Heliothrips hæmorrhoïdalis* BOUCHÉ) sont beaucoup plus dangereux : très nombreux dans les cultures, ils piquent la face inférieure des feuilles et les bourgeons : leur piqûre produit l'effet d'une brûlure.

La culture de pleine terre redoute un ennemi terrible dans le *Ver gris* grosse larve d'un papillon du genre Noctuelle (*Agrotis segetum* SCHIFFERMILLER). Dans la journée il s'enfouit en terre : c'est la nuit qu'il commet ses ravages en rongeant l'écorce rez de terre ; la plante ne résiste pas à cette incision et ne tarde pas à faner et périr. Il s'attaque également à la fleur : le seul moyen de s'en débarrasser est de le chercher, soit en fouillant au pied de la plante, soit dans les fleurs même où il se dissimule parmi les ligules. Le Stérisol peut aussi l'éloigner.

Les *Perce-oreilles* (*Forficula auricularia* LINNÉ), sont très friands des extrémités des tiges. Ils trouvent également un excellent gîte dans les capitules qu'ils salissent et dont ils percent les ligules. Les insecticides sont sans effet sur eux et il faut s'en emparer pour les détruire.

Aphelenchus olesistus RITZEMA-BOS.

(Maladie vermiculaire des feuilles).

Petites anguillules n'atteignant pas 1 millimètre, vivant dans les terreaux où elles trouvent un milieu favorable à leur développement.

Projetés par les pluies, ces minuscules insectes pénétrent dans l'épiderme des feuilles et y occasionnent d'abord une tache grisâtre à la face inférieure; cette tache se localise principalement aux angles des nervures, puis peu à peu gagne la face supérieure et envahit tout le limbe. Les taches deviennent brunes, rougeâtres et enfin noires. La feuille se dessèche puis pourrit.

Avec des composts sains on ne redoute guère cette maladie. Éviter, autant que possible, de placer les plantes sur des terreaux. car ceux-ci constituent leur meilleur foyer de propagation.

Fig. 25. — Chrysanthème à petite fleur.

Fig. 26. — Chrysanthème japonais. Angevin.

CHRYSANTHÈMES

Classement par groupes

Fig. 27. — Chrysanthème japonais incurvé au centre. Le Quercy.

LES CHRYSANTHÈMES CLASSÉS PAR GROUPES

Les Chrysanthèmes ont tous des caractères communs, mais cependant très différents, tout au moins en ce qui concerne leur utilisation.

Les insuccès éprouvés viennent plus souvent du manque d'adaptation des variétés que de la culture proprement dite. Vouloir obtenir une très grosse fleur sur une plante qui a été mise au commerce dans le but d'en faire une *plante de marché* ou une *plante rustique* est chose irréalisable.

Il faut tenir compte de la façon de végéter des plantes et ne demander à chacune d'elles que ce qu'elle est apte à produire. A cet effet. les Chrysanthèmes ont été divisés en quatre groupes bien définis :

PLANTES A GRANDES FLEURS

PLANTES DE MARCHÉS

PLANTES RUSTIQUES POUR LE PLEIN AIR

PLANTES A FLEURS SIMPLES

Les plantes du premier groupe sont diversement traitées : en *uniflore à la grosse fleur ;* à la *grande fleur.* c'est à dire en plantes pincées portant quatre à six fleurs: en *spécimens*; à la *méthode japonaise.*

Les *plantes de marché*, de taille peu élevée, aux nombreuses ramifications portant une abondance de fleurs moyennes, donnent les belles potées si appréciées du public et dont le succès aux jours de Toussaint est toujours aussi vif.

L'emploi des *plantes rustiques* se généralise pour les garnitures des massifs, aussitôt le déclin des plantations estivales : elles en prolongent l'éclat, au milieu même des brouillards froids de novembre.

Les *plantes à fleurs simples* sont utilisées à plusieurs fins pour la décoration des corbeilles, plates-bandes. etc. : elles sont vigoureuses et on les emploie indifféremment comme plantes à fleur coupée, ou comme plantes rustiques ; l'avenir renseignera sur leurs qualités comme plantes de marché.

CLASSIFICATION SUIVANT LA FORME
DES FLEURS

Aucune autre plante ne présente des dissemblances, des variations aussi nombreuses que le Chrysanthème, par suite de la

Fig. 28. — Chrysanthème japonais échevelé-spiralé incurvé, au centre.

forme et de la disposition toute particulière de ses ligules qui varient
de la façon la plus étrange : certains capitules affectent une forme

Fig. 29. — Chrysanthème japonais récurvé.

régulière ; d'autres, au contraire, enchevêtrent leurs ligules dans
le désordre le plus inattendu.

Se basant sur ces différences de structure, on a établi une classification répartissant les variétés en groupes bien distincts : elle permet à la lecture de la description de juger immédiatement

Fig. 30. — Chrysanthème japonais incurvé et récurvé. Les Dombes.

la forme de la variété. C'est surtout parmi les plantes à grande fleur que cette classification trouve son application.

Le type *japonais* est généralement à *fleur plate*, les ligules
du centre incurvées c'est à dire concentrées sur un même point,

Fig. 31. — Chrysanthème japonais à fleur échevelée.

celles de la périphérie sont récurvées ou retombantes et se bouclent
gracieusement.

Selon que l'une ou l'autre de ces deux particularités de forme des ligules s'accentue davantage, elle donne naissance:

Au *japonais incurvé* (Fig. 27), à fleur légèrement *bombée*, bien incurvée au centre, les ligules de la périphérie retombantes, mais toujours relevées à leur extrémité.

Au *japonais récurvé* (Fig. 29), à longues et souples ligules en forme de ruban, retombant élégamment le long de la tige.

L'*incurvé* (Fig. 11) est à ligules larges, concentrées en masse arrondie vers la partie supérieure du capitule, et ne montrant que leur revers; l'*incurvé globuleux* est la forme tout à fait sphérique.

Les *duveteux* (Fig. 4) appartiennent généralement au groupe des *incurvés* et sont excessivement bizarres avec les nombreux petits poils qui recouvrent entièrement les ligules.

Le type *hybride* (Fig. 8) est à *fleur plate*, à ligules plus ou moins étalées. Il n'est plus guère en faveur actuellement; on lui préfère la forme *rayonnante* (Fig. 2, page XV) à ligules tubulées, fines et droites s'épanouissant bien horizontalement à la périphérie.

La fleur *échevelée* (Fig. 31) est surtout recherchée par les amateurs; ses ligules enchevêtrées lui donnent un aspect ébouriffé, fort curieux, qui ne lui retire aucunement de son élégance.

CULTURE EN UNIFLORE
A LA TRÈS GROSSE FLEUR

On recherche de plus en plus la grosse fleur et, à juste titre, il convient de dire que le volume de la fleur ne nuit en rien à sa légèreté et que, malgré les grandes dimensions qu'elle peut acquérir, elle ne subit de ce chef aucune altération capable d'en atténuer le charme. Dans cette culture, peut-être plus que dans toutes les autres, le choix des variétés doit être judicieux; tous les Chrysan-thèmes, en effet, peuvent donner une grande fleur, mais il n'en existe qu'un nombre assez limité qui se prêtent à la culture de la très grosse fleur (Fig. 32).

Le bouturage d'hiver, pour cette culture, donne les meilleurs résultats et nous le recommandons particulièrement; néanmoins,

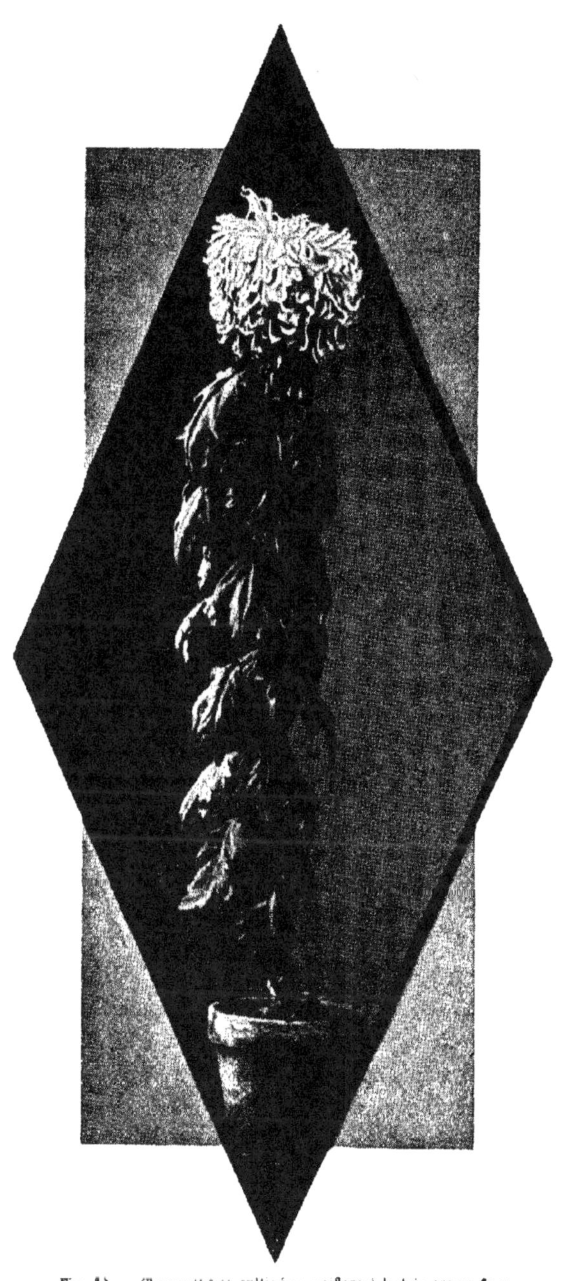

Fig. 52. — Chrysanthème cultivé en uniflore à la très grosse fleur

avec des boutures de printemps, on peut obtenir une floraison superbe. Le résultat cherché ne peut être atteint qu'en conservant une seule tige à la plante, cette tige ne portant elle-même qu'une seule fleur sur laquelle se concentre toute l'activité de la végétation.

Les boutures sont rempotées en avril avec un compost dosé à 1 % d'*engrais Vilmorin*.

En général les plantes provenant de bouturages d'hiver subissent un pincement; celles de bouturages de printemps ne sont pas pincées.

La date de ce pincement n'a rien d'absolu: il s'effectue généralement du 15 au 30 avril, quand les plantes sont en pleine végétation, et il provoque toujours la naissance de deux ou trois rameaux, dont un seul est conservé.

En mai, les plantes sont rempotées en pots de 15 cent., le compost est dosé à 1 1/2 % d'*engrais Vilmorin*. En juillet, troisième rempotage, en pots de 18 cent., fait avec 2 % d'*engrais Vilmorin*.

Ne subissant qu'un pincement en avril, le premier B.-C. se présentera fin-juin, début de juillet, sur les plantes à végétation vigoureuse. Il est préférable de le rejeter et de ne réserver que le deuxième, qui se présentera en août. Sur les plantes à végétation lente, le premier B.-C. ne se présentera guère avant fin-juillet : il sera réservé.

C'est une culture simple, sans complications de pincement, puisqu'un seul suffit; aucun équilibre de branches n'étant à maintenir, la question du tuteurage se trouve réduite à sa plus simple expression.

En pleine terre ce mode de culture donne de très bons résultats. La plantation se fait fin-avril, commencement de mai, dans un sol qui aura été copieusement fumé l'hiver précédent et dans lequel on aura eu soin d'incorporer 10 kilos d'*engrais Vilmorin* à l'are. Cet apport d'engrais se fait 15 jours au moins avant la plantation.

La végétation étant plus vigoureuse en pleine terre, on peut conduire sur deux branches les plantes provenant de bouturage d'hiver : celles provenant de bouturage de printemps seront cultivées sur tige unique.

La plantation devra être recouverte d'abris vitrés à partir de
septembre, au moment où les boutons commencent à montrer leur

Fig. 33. — Chrysanthème japonais, Le Barrois.

coloris. Sans cette précaution les fleurs seraient exposées aux
intempéries et la pourriture pourrait causer de nombreux dégats.

CHOIX DE VARIÉTÉS
pour la culture en uniflore à la très grosse fleur

Ami Paul Labbé. — *Japonais incurvé.* — Rouge terre cuite, revers jaune
paille.

Balmer (Mrs John). — *Japonais incurvé au centre.* — Ligules fines et
nombreuses, rouge garance passé à revers jaune primevère.

Fig. 34. — Chrysanthème japonais récurvé, Franc-Comtois.

Fig. 35. — Chrysanthème incurvé spiralé, Savoyard.

Barrois (Le). — *Japonais*. — Grosses ligules spiralées, rouge pourpre à revers jaune cuivré.

Bessin Le . — *Japonais incurvé et récurvé*. — Ligules relevées aux pointes, amarante à revers blanc lilacé.

Beauceron. — *Japonais incurvé*. — Ligules contournées et spiralées, jaune citron avec de légers reflets jaune bronzé sur le revers de quelques pétales.

Béarnais. — *Incurvé*. — Ligules nombreuses souvent bouclées aux pointes. Amarante à revers violet mauve pâle.

Bourguignon. — *Japonais incurvé et récurvé*. — Grosses ligules bouclées, rouge sang à revers jaune gomme gutte.

Cawell Edith . — *Japonais incurvé*. — Larges ligules rouge orangé à revers jaune citron.

Chittenden (Norman . — *Japonais récurvé*. — Longues ligules rubanées, blanc pur.

Daily Mail. — *Japonais incurvé et récurvé*. — Jaune soleil légèrement ligné de rouge sang dragon.

Donezan Le . — *Japonais récurvé*. — Longues ligules rubanées, jaune gomme gutte ligné de rouille.

Drabble Mrs Gilbert . — *Japonais incurvé*. — Blanc pur.

Franc-Comtois. — *Japonais récurvé*. — Longues ligules rubanées et crochues aux extrémités, mauve rosé à revers violet mauve pâle.

Hurepoix Le). — *Japonais incurvé au centre, récurvé à la périphérie*. Jaune d'auréoline.

Majestic. — *Japonais incurvé*. — Larges ligules relevées aux pointes, jaune safran nuancé d'abricot.

Peace. — *Japonais incurvé au centre*. — Sport jaune canari de " *Louisa Pockett* ".

Pockett Louisa . — *Japonais incurvé au centre*. — Blanc pur.

Provençal. — *Japonais*. — Longues ligules jaune d'auréoline à reflets plus foncés au centre.

Pulling Mrs R. C. . — *Japonais incurvé et récurvé*. — Longues ligules jaune primevère.

Quercy Le . — *Japonais incurvé au centre*. — Longues ligules mauve foncé à revers mauve rosé.

Savoyard. — *Incurvé spiralé*. — Blanc de lait avec de très légers reflets blanc crème vers le centre de la fleur.

Sénonais Le). — *Japonais incurvé au centre, récurvé à la périphérie*. — Rouge cerceux à revers jaune d'œuf.

Sologne La . — *Japonais incurvé et récurvé*. — Longues ligules à pointes crochues, rouge cerceux à revers bronzé très brillant.

Turner William . — *Japonais incurvé*. — Blanc pur.

Valentinois Le . — *Japonais incurvé au centre*. — Larges ligules rouge orangé à revers jaune d'œuf.

Velay (Le). — *Japonais incurvé et récurvé*. — Grosses ligules bouclées, mauve rosé à revers plus clair.

Victory. — *Japonais incurvé et récurvé*. — Ligules rubanées, blanc pur.

Viscount Chinda. — *Japonais récurvé*. — Larges ligules, jaune soufre.

Fig. 30. — Chrysanthème japonais incurvé au centre. Le Valentinois.

CULTURE A LA GRANDE FLEUR

Très pratiqué dès le début de la vogue du Chrysanthème, ce mode de culture a connu les triomphes des Expositions. Les plantes sont établies, par le *pinçage*, à cinq ou six branches portant chacune une fleur d'une taille variable selon les variétés, mais toujours de grandes dimensions si l'on cultive des variétés aptes à produire la grande fleur. C'est la culture classique, donnant toujours satisfaction, car si un accident quelconque vient annuler un ou deux boutons, l'esthétique du sujet n'en sera nullement compromise, et les trois ou quatre branches restantes porteront des fleurs d'autant plus grandes qu'elles seront moins nombreuses (Fig. 37).

La question essentielle est de ne traiter que des variétés se prêtant à ce mode de culture et provenant de bouturage d'hiver. Les plantes, habituées progressivement à l'air possèdent, fin-mars. de bonnes racines, ont la tige trapue, solide, vigoureuse.

En avril, un *premier rempotage* est fait en pots de 11 à 12 cent., en employant un compost dosé à 1 % d'*engrais Vilmorin*. A cette époque on peut, sans inconvénient, livrer les plantes au plein air, en conservant cependant la possibilité de pouvoir les abriter en cas de trop mauvais temps. Dès la reprise effectuée, les plantes sont pincées, et sous l'influence de ce pincement et de la végétation active, une première ramification de deux à quatre branches s'établit. Les rameaux s'allongent alors rapidement, il faut en surveiller l'équilibre, car la charpente doit en effet être maintenue bien d'aplomb ; ils se développent souvent aussi irrégulierement et peuvent être de vigueur très différente ; il est préférable, lorsque se présentent ces inégalités, de supprimer les trop faibles pour ne conserver que ceux de même force.

Vers la fin de mai. cette première ramification est suffisamment développée pour être à nouveau pincée ; ce deuxième et dernier pincement double et triple même le nombre des branches. Ces dernières devront être observées avec plus de rigueur encore, pour maintenir le bon équilibre de la plante en ne conservant que les rameaux de végétation régulière et de vigueur égale.

Les plantes subissent, fin-mai ou commencement de juin, un

Fig. 37. — Chrysanthème cultivé à la grande fleur.

deuxième rempotage : elles passent en pots de 15 ou 16 cent. et le compost de terre employé renferme 1 1/2 % d'*engrais Vilmorin*.

Le *tuteurage* devient alors nécessaire ; toutes les branches cependant n'ont pas encore besoin d'être munies d'un tuteur et l'on peut se contenter de les maintenir ensemble au moyen d'une ceinture de raphia autour d'un bon tuteur central ; mais l'opération ne doit pas être négligée, car le vent ou la pluie provoqueraient des ruptures fâcheuses.

En juillet le *troisième* et *dernier rempotage* est fait en pots de 20 ou 22 cent. avec 2 % d'*engrais Vilmorin* dans le compost.

A partir de cette époque la plante est définitivement établie ; la révision de l'équilibre des branches se fait en même temps que le tuteurage de chacune.

Les soins d'*arrosage*, d'*ébourgeonnage*, d'*hygiène* des plantes se poursuivent régulièrement ; les maladies ont été traitées préventivement depuis le début de la culture, les insectes traqués aussitôt qu'ils apparaissent.

Sur quelques variétés, le premier B.-C. pourra se présenter en juillet ; nous ne conseillons pas de le réserver à cette époque hâtive, à moins qu'on ne veuille obtenir une floraison très précoce ; c'est en août qu'il doit normalement apparaître et être fixé.

La végétation, à partir du mois d'août, est très active ; les racines se développent et ne tardent pas à teutrer les parois des pots : c'est le moment où la plante a besoin d'une nourriture abondante : on la lui donne à l'aide du *surfaçage*.

Les nuits humides de septembre favorisent une végétation luxuriante : les tissus se gorgent de sève sous l'influence des rosées et les boutons se développent vigoureusement de jour en jour : les variétés hâtives commencent à fleurir, mais c'est en octobre que s'épanouit la pleine floraison.

Nous recommandons de laisser les plantes dehors aussi longtemps que la température le permettra en les protégeant cependant, dans la mesure du possible, des brouillards et des pluies qui déterminent toujours la pourriture des capitules.

CHOIX DE VARIÉTÉS

pour la culture à la grande fleur

Auge (L.). — *Japonais.* — Longues ligules tuyautées à la périphérie, rouge cuivré à revers jaune citron.

Aviateur Raymond Cornu. — *Japonais incurvé globuleux.* — Terre de sienne brûlée à revers jaune soleil.

Beauce (L.). — *Japonais récurvé.* — Larges ligules jaune citron très délicatement nuancé rouille.

Bresse (La). — *Japonais récurvé.* — Longues et fines ligules tuyautées à la périphérie. Blanc de lait.

Breton. — *Japonais incurvé au centre.* — Rouge grenat pourpré à revers jaune chamois.

Candeur des Pyrénées. — *Japonais incurvé.* — Blanc pur à centre verdâtre.

Cavatine. — *Japonais incurvé globuleux.* — Jaune d'ocre.

Cendrillon. — *Japonais récurvé.* — Longues ligules rubanées, blanc de lait.

Champsaur (Le). — *Japonais incurvé et récurvé.* — Magenta pourpré à revers blanc lilacé.

Desmougeot (Eugénie). — *Japonais rayonnant.* — Ligules tubulées à la périphérie. Mauve rosé dégradé blanc au centre.

Dombes (Les). — *Japonais incurvé et récurvé.* — Rose brûlé à revers jaune crème.

Forez (Le). — *Japonais incurvé.* — Magenta rougeâtre à revers des ligules blanc lilacé.

Gâtinais (Le). — *Japonais récurvé.* — Rose lilas de Perse à revers blanc.

Gévaudan (Le). — *Japonais à fleur échevelée.* — Ligules plates, rose lilas de Perse à revers blanc rosé.

Landes (Les). — *Japonais incurvé.* — Ligules spiralées, cramoisi à revers mauve pâle.

Lauraguais (Le). — *Japonais incurvé.* — Grosses ligules lilas rougeâtre, revers incarnat saumoné.

Léonnais (Le). — *Japonais échevelé.* — Larges ligules rouge antique sur fond jaune, revers jaune cuivré.

Lyonnais. — *Incurvé.* — Mauve rosé très pâle, intérieur des pétales violet mauve.

Monro, Jun. (Mrs George). — *Japonais récurvé.* — Larges ligules rouge sang de bœuf velouté, revers jaune.

Nivernais. — *Japonais.* — Ligules tubulées à la périphérie, blanc de lait.

Penthièvre (Le). — *Japonais incurvé et récurvé.* — Rouge cuivré, revers jaune maïs.

Président Millerand. — *Japonais incurvé.* — Rouge caroubier à revers jaune miel.

Puisaye (La). — *Japonais récurvé.* — Longues et fines ligules roulées, rouge sang passé à revers jaune maïs.

Queen Mary. — *Japonais.* — Larges ligules à pointes incurvées, blanc pur.

Sundgau (Le). — *Incurvé globuleux.* — Jaune paille ombré à la périphérie.

Susset (Mme V.). — *Japonais duveteux.* — Mauve rosé.

Tokio. — *Japonais tubulé.* — Rose tendre.

Tricastin (Le). — *Japonais*. — Larges ligules mauve solférino nuancé blanc lilacé, revers mauve très pâle.

Turner (William). — *Japonais incurvé*. — Blanc pur.

Fig. 38. — Chrysanthème japonais révurvé, La Beauce

Vendéen. — *Japonais incurvé au centre*. — Longues et nombreuses ligules tuyautées, crochues, jaune miel.

Ville de Paris. — *Japonais incurvé et récurvé*. — Rouge carminé à revers jaune bronzé.

Toutes les variétés indiquées dans le choix de " Très grosse fleur " conviennent également à cette culture.

Fig. 39. — Chrysanthème japonais incurvé. Les Landes.

UNIFLORES EN MAI

Le bouturage des variétés à grande fleur se fait jusqu'en mai et, en raison de l'époque tardive, les plantes ne sont pas pincées et sont traitées en uniflores.

Ce mode de culture présente un double avantage : il utilise les extrémités pincées, pratique fort intéressante en ce qui concerne la multiplication des variétés rares ou nouvelles dont on ne possède souvent qu'un seul exemplaire, et qui procure à l'automne de charmantes petites plantes, fort appréciées pour les garnitures, en raison du faible calibre de la poterie.

En mai, le bouturage se fait à froid, sous châssis ou sous cloche : la reprise des boutures est rapide. Aussitôt enracinées elles sont mises en godets de 7 ou de 8 cent. et rempotées ensuite en pots de 10 ou de 11 cent. : la terre de rempotage reçoit une dose de 1 % d'*engrais Vilmorin*.

Le premier B.-C. qui se présente est réservé.

CULTURE EN SPÉCIMEN A GRANDE FLEUR

Le *spécimen* est la forme de culture la plus élégante que l'on puisse donner au Chrysanthème : elle présente quelques difficultés, mais tentera cependant les amateurs qui se proposent d'exhiber leurs produits dans les expositions (Fig. 10 et 19).

Le *spécimen* est à *tige unique*, la première ramification partant à 15 ou 20 centimètres du sol : par pincements successifs, chaque plante donne 25 fleurs au minimum. Sur les variétés vigoureuses, cette quantité peut aisément être doublée et même triplée, mais ce sera toujours au détriment de la grosseur de la fleur.

Pour bien réussir cette culture il est indispensable de choisir des variétés à entre-nœuds courts, celles dont les feuilles sont rapprochées sur les branches. Les drageons donnent le meilleur résultat pour l'obtention des *spécimens* : néanmoins, avec des boutures vigoureuses, faites en novembre ou dans les premiers jours de décembre, on peut obtenir de très jolis sujets.

Un bon drageon doit être court, trapu, formé d'une rosette de feuilles dont l'insertion sur la tige ne laisse pas d'intervalles. Il est détaché du pied-mère en novembre, au moment où celui-ci est encore en période de végétation. Ceci est très important, car la

Fig. 40. — Chrysanthème cultivé en spécimen à grande fleur.

végétation doit être continue même pendant les mois les plus mauvais de l'hiver, autrement le sujet se noue, durcit et ne pousse plus.

Le rempotage a lieu, suivant la force, en godets ou en pots, dans une terre saine, sans engrais. Les plantes sont maintenues en serre tempérée, à une température moyenne de 10° à 12°. Il ne faut pas chercher à vouloir activer la végétation pendant l'hiver ; le Chrysanthème, qui se plie volontiers aux caprices des cultivateurs et prend toutes les formes imaginables qu'ils lui imposent, ne se prête pas à la végétation forcée que l'on voudrait lui imposer en décembre-janvier. Pendant cette période il végète seulement, et c'est l'essentiel ; dès que la tige atteint 20 à 25 centimètres, elle est *pincée*, ou plus exactement *éboutée*, de façon à obtenir une première ramification.

En mars, les racines tapissent les parois des pots et les plantes pincées en février présentent une première ramification de trois ou quatre *départs* ; à cette époque, les plantes sont sorties sous châssis froid et reçoivent le maximum d'air. Elles sont aussi mises en pots de 16 cent. avec un compost contenant 1 % d'engrais Vilmorin. Sous l'influence de ce rempotage, et aussi en raison de la température plus clémente, la végétation devient très active et bientôt un *deuxième pincement* est effectué.

Les autres rempotages ont lieu en avril et en juin, avec engrais Vilmorin à la dose de 1 1/2 % dans le compost ; le dernier fin-juillet ; pour celui-ci, le compost de terre contient 2 % d'engrais Vilmorin. Ces dates de rempotage sont subordonnées à l'accroissement plus ou moins rapide des plantes ; en principe ils ne sont pratiqués qu'au moment où les racines tapissent les parois du pot. La grandeur des pots passe successivement de 20 à 25, et finalement à 30 centimètres.

Les plantes sont pincées chaque fois qu'il est possible de le faire jusqu'au premier juin. Les B.-C. se présentent en août-septembre et sont réservés aussitôt. Au début d'août, un bon *surfaçage*, à la dose de 3 % d'engrais Vilmorin, procurera aux plantes un complément de nourriture indispensable.

Le *tuteurage* des plantes est minutieux en raison même de la grande quantité des branches. On devra s'ingénier à l'établir pour équilibrer au mieux les ramifications du sujet.

CHOIX DE VARIÉTÉS

pour la culture en spécimen à grande fleur

Amateur Couillard. — *Japonais incurvé.* — Larges ligules rouge ocreux revers jaune citron.

Baronnies (Les). — *Japonais incurvé au centre.* — Mauve rosé clair dégradé à la périphérie, revers des ligules blanc lilacé.

Fig. 41. — Chrysanthème incurvé. Le Cotentin.

Bassigny (Le). — *Japonais incurvé au centre.* — Larges ligules rouge carminé à revers jaune miel.

Brionnais (Le). — *Japonais récurvé.* — Longues ligules rubanées, amarante pourpré à revers blanc lilacé.

Cotentin (Le). — *Incurvé.* — Rose hortensia dégradé au centre.

Crau (La). — *Japonais récurvé.* — Longues et fines ligules blanc soufré.

Delclocque (Blanche). — *Japonais incurvé.* — Amarante à revers plus pâle.

Duckham (W.). — *Japonais incurvé.* — Larges ligules rose vif à reflet argent.

Excelda. — *Japonais incurvé au centre.* — Blanc nacré parfois teinté de mauve.

Felton (Mrs R. F.). — *Japonais incurvé.* — Lie de vin à revers jaune bronze.

Frick (Miss C.). — *Japonais incurvé.* — Sport blanc pur de *W. Duckham.*

Fruit (Edmond). — *Japonais incurvé et récurvé.* — Rouge grenat pourpré, revers jaune soleil.

Général Pau. — *Japonais.* — Ligules fines et nombreuses, magenta pourpré à revers mauve rosé.

Graisivaudan (Le). — *Japonais incurvé et récurvé.* — Rouge grenat pourpré à revers laque jaune.

Jenkins (M⸳). — *Japonais incurvé.* — Larges ligules blanc carné délicatement teinté de rose.

Kara Dow. — *Japonais.* — Rouge antique à revers jaune.

Labbé (M⸳). — *Japonais incurvé et récurvé.* — Rose France nuancé magenta.

Legrand (Mˡˡᵉ Léonie). — *Incurvé duveteux.* — Blanc à centre crème.

Martin (Mᵐᵉ Albert). — *Japonais récurvé.* — Larges ligules aplaties, rouge carminé.

Oberthur (Mᵐᵉ R.). — *Japonais échevelé.* — Blanc pur à centre parfois verdâtre.

Paquin (Mᵐᵉ J.). — *Japonais incurvé.* — Jaune abricot.

Phœbé. — *Japonais incurvé et récurvé.* — Rose hortensia à revers plus clair.

Souvenir de Reydellet. — *Japonais incurvé et récurvé.* — Jaune d'or.

Tissier (M. Auguste). — *Japonais incurvé.* — Ligules fines, jaune citron.

Tysoe (Mrs H.). — *Japonais incurvé.* — Sport jaune soufre de *William Turner.*

Valois (Le). — *Japonais incurvé.* — Larges ligules rose malvacé à revers blanc rosé.

Vonnette. — *Japonais incurvé au centre.* — Longues ligules rubanées, blanc teinté de mauve rosé.

Fig. 12. — Chrysanthème cultivé en tige.

CULTURE EN TIGE

Avec des variétés vigoureuses, de végétation rapide, on obtient sur une tige unique dont la hauteur varie de 0m70 à 1m, la même ramification que celle des spécimens. Les variétés se prêtant bien à ce travail ne sont pas très nombreuses, car il en est peu qui soient capables de s'élancer d'un seul jet sur une semblable longueur de tige (Fig. 42).

Tout comme pour la culture des spécimens il faut recourir aux drageons pour établir ces sujets. Les drageons devront être choisis vigoureux et, aussitôt rempotés, être maintenus en état de végétation autant que faire se pourra. On leur donnera le maximum de lumière et d'air, et quand la tige aura atteint 0m20 à 0m25 on la munira d'un tuteur.

Une percée naturelle se présente généralement avant que la plante n'ait atteint la hauteur voulue; dans ce cas il faut supprimer le B.-C. et ne conserver pour prolongement que le meilleur et le mieux placé des bourgeons feuillés. Lorsque la tige est arrivée à une hauteur de 0m70 à 1m, on en pince l'extrémité; cette opération donne naissance à 3 ou 4 rameaux qui sont, eux aussi, pincés dès qu'ils ont acquis le développement nécessaire. On pratique ainsi, jusqu'au début de juin, trois ou quatre pincements, qui peuvent provoquer la naissance de 20 à 30 branches.

La difficulté de cette culture réside surtout dans le tuteurage; il faut en effet que de semblables sujets soient équilibrés d'une façon irréprochable pour conserver, avec une forme parfaite, le port majestueux qui les fait admirer dans les expositions. La même culture que pour les spécimens s'applique à l'établissement des tiges.

CHOIX DE VARIÉTÉS
pour la culture en "tige"

Armistice. *Japonais incurvé.* — Blanc rosé plus fortement nuancé mauve à la périphérie.

Brie (La). — *Japonais incurvé.* Larges ligules rouge cuivré à revers jaune d'ocre.

Dourlens (Louis). - *Japonais incurvé globuleux.* — Rouge grenat brûlé à revers jaune chamois.

Polyphème. — *Japonais incurvé*. — Jaune.

Quenne (Fernande). — *Japonais*. — Rouge sang passé sur fond rouge
capucine.

Rivoire (M. Philippe). — *Japonais incurvé au centre*. — Rouge grenat
pourpré à revers laque jaune.

Symphonie. *Japonais incurvé et récurvé*. Mauve clair nuancé
magenta.

Vice-Président Lionnet. — *Japonais incurvé*. Larges ligules amarante pourpré velouté.

Ville de Saint-Germain. — *Japonais incurvé et récurvé*. — Rose lilacé
à revers glacé.

Villefranche. — *Japonais incurvé*. — Rose lilacé, revers blanc.

Fig. 13. — Forme japonaise.

LES FORMES DITES " JAPONAISES "

Au Japon, le Chrysanthème est l'emblème national ; on l'y
cultive avec passion, et le climat doux et humide de cet admirable
pays semble lui convenir plus que tout autre. Une végétation

Fig. 17. — Forme japonaise.

puissante, continue, fait qu'avec des variétés locales vigoureuses
et florifères, les japonais sont arrivés à établir des plantes monstres,

couvrant parfois une surface de plus de 4 mètres carrés, et portant, sur un pied unique, jusqu'à 250 et 300 fleurs.

Bien entendu, une pareille masse de fleurs ne conserve son esthétique qu'à la condition d'être savamment conduite : aussi chaque sujet porte-t-il une armature légère, bien que solide, sur laquelle sont fixés verticalement autant de supports que l'on présume

Fig. 15. — Forme japonaise.

la plante capable d'émettre de tiges. Les tiges sont tuteurées sur ces supports afin que l'épanouissement ait lieu à une hauteur voulue.

C'est à l'Exposition Universelle de 1900 que nous avons eu l'occasion de voir les premiers sujets japonais cultivés en France sous la direction de professionnels japonais. Les nombreux visiteurs qui les ont vus en ont conservé un souvenir inoubliable, et cependant malgré leur taille, qui nous paraissait être colossale, ils ne soutenaient qu'une bien faible comparaison avec les plantes traitées sous le climat japonais.

Fig. 46. — Forme japonaise.

Nous n'avons pas en France ce climat bienfaisant dont l'influence est si grande sur la végétation du Chrysanthème; nos étés sont irréguliers, les périodes chaudes et sèches contrarient beaucoup la végétation et nuisent toujours à l'allongement des tiges. Au Japon, ces inconvénients n'existent pas: la plante végète d'une façon régulière, constante, qui permet de pincer souvent et longtemps, pour pouvoir obtenir de nombreuses ramifications.

Un grand nombre de variétés se prêtent fort bien à ce genre de culture: elles doivent être saines, vigoureuses, à feuillage

Fig. 47. — Forme japonaise.

abondant; elles doivent aussi: bien supporter les pincements, émettre de nombreux départs, et donner, malgré les pincements réitérés et tardifs, des fleurs d'une duplicature parfaite. Ces conditions se trouvent réunies chez les variétés du choix spécial que nous indiquons plus loin. Cependant, nous devons ajouter que, même avec ces plantes, la culture japonaise, telle qu'on la pratique au Japon, ne saurait donner sous notre climat que des résultats moyens.

Le drageon levé à l'automne, maintenu en végétation tout l'hiver, rempoté dans des composts riches et recevant tous les soins voulus, n'arrivera qu'avec difficulté à donner une ramification de 65 à 80 branches au plus. C'est suffisant déjà pour faire une belle plante ; mais pour obtenir les formes pyramidales à étages, hautes souvent de deux mètres, avec trois à quatre mètres carrés de base, il est indispensable d'avoir un minimum de 150 à 200 fleurs.

Puisque nous ne pouvons obtenir, et cela en raison des circonstances atmosphériques, la végétation luxuriante des sujets japonais, traités dans leur habitat, on a recours à un subterfuge de culture, en réunissant plusieurs plantes dans le même bac. Ce n'est assurément plus la culture japonaise telle qu'elle nous a été enseignée il y a 25 ans, puisqu'elle ne comprenait que des sujets à tige unique, dont nous avons fait le *spécimen* ; mais c'est le seul moyen dont nous disposons pour arriver à produire les grandes formes dites *japonaises*.

Nous ne dirons rien des formes : elles peuvent varier à l'infini, suivant l'imagination des amateurs. Le Chrysanthème est excessivement malléable, et avec quelque peu d'attention et beaucoup de patience il obéira toujours au tuteurage, si capricieux soit-il, à la condition cependant que ce tuteurage reste dans les règles de libre circulation de la sève.

CHOIX DE VARIÉTÉS

pour la culture des formes dites " Japonaises "

Auge (L.). — *Japonais.* — Rouge cuivré à revers jaune citron.

Barrois (Le). — *Japonais.* — Grosses ligules spiralées, rouge pourpré à revers jaune cuivré.

Baronnies (Les). — *Japonais incurvé au centre.* — Larges ligules aplaties, mauve rosé clair dégradé à la périphérie, revers des ligules blanc lilacé.

Bassigny (Le). — *Japonais incurvé au centre.* — Larges ligules rouge carminé à revers jaune miel.

Beauce (La). — *Japonais récurvé.* — Larges ligules jaune citron très délicatement nuancé rouille.

Bresse (La) — *Japonais récurvé*. — Longues et fines ligules tuyautées à la périphérie, blanc de lait.

Brionnais (Le). — *Japonais récurvé*. — Longues ligules rubanées, amarante pourpré à revers blanc lilacé.

Cavatine. — *Japonais incurvé globuleux*. — Jaune d'ocre. Plante hâtive.

Fig. 48. — Forme japonaise.

Cendrillon. — *Japonais récurvé*. — Longues ligules rubanées, blanc de lait.

Champsaur (Le). — *Japonais incurvé et récurvé*. — Nombreuses et fines ligules magenta pourpré à revers blanc lilacé.

Crau (La). — *Japonais recurvé.* — Longues et fines ligules blanc soufré.

Delclocque (Blanche). — *Japonais incurvé.* — Amarante à revers plus pâle.

Général Pau. — *Japonais.* — Ligules fines et nombreuses, magenta pourpré à revers mauve rosé.

Graisivaudan (Le). — *Japonais incurvé et recurvé.* — Longues et fines ligules spiralées au centre, rouge grenat pourpré à revers laque jaune.

Paquin (Mme J.). — *Japonais incurvé.* — Jaune abricot.

Penthièvre (Le). — *Japonais incurvé et récurvé.* — Longues ligules spatulées aux pointes, rouge cuivré, revers jaune maïs.

Ville de Phénicie. — *Japonais incurvé.* — Jaune canari.

Vonnette. — *Japonais incurvé au centre.* — Longues ligules rubanées, blanc teinté de mauve rosé.

Fig. 49. — Chrysanthème. Plante cultivée en spécimen.

CULTURE EN PLANTES DE MARCHÉ

Le qualificatif de *plantes de marché* ne s'applique qu'à un nombre restreint de variétés réunissant des conditions bien déterminées : port trapu, ramification rigide. floraison hâtive, fleur

Fig. 50. — Plante de marché.

conservant toute sa duplicature, même en bouton terminal, résistant bien à la pourriture. D'un transport facile, on cultive ces plantes par grandes quantités, et elles font l'objet d'un commerce important, notamment pour les jours de la Toussaint.

Pratiquement, on divise les *plantes de marché* en deux groupes, en tenant compte de leur taille et de la grosseur de leur fleur.

1°. — *Plantes de marché proprement dites*, à port nain, pouvant donner 10 à 15 fleurs, seulement moyennes.

2°. — *Plantes de marché à la demi-grande fleur*, de port un peu plus élevé, sur lesquelles on obtient 6 à 8 fleurs, assez grandes.

Le mode de culture est le même pour chacun de ces groupes, et le bouturage de printemps convient le mieux : en avril, les jeunes plantes passent de godets de 7 cent. en pots de 12 cent. avec compost à 1 % d'engrais Vilmorin et, aussitôt la reprise, elles subissent un premier pincement. Dès que la végétation le permet, courant mai, un deuxième pincement double la ramification, et vers le 10 juin, le troisième et dernier pincement établit définitivement la plante à huit ou dix branches.

Les plantes sont rempotées en pots de 16 ou 17 cent. avec compost à la dose de 2 % d'engrais Vilmorin. Nous conseillons d'enterrer la poterie au niveau du sol, pour éviter les arrosages trop fréquents, toujours nuisibles : la plante devant rester dans un pot de faible calibre, il faut lui éviter toute cause susceptible de la fatiguer pendant le cours de sa végétation. Un simple tuteur, avec une ceinture de raphia, suffira pour ce genre de culture ; il n'a d'autre utilité que de préserver la plante du grand vent, qui quelquefois abaisse les branches alourdies par les pluies d'orage.

En septembre, les boutons apparaissent, souvent des B.-C., quelquefois des terminaux. Indistinctement ils sont réservés. Les plantes fleurissent parfaitement dehors : elles ne sont rentrées qu'en cas de temps pluvieux ou de gelées précoces.

CHOIX DE VARIÉTÉS

pour la culture des plantes de marché

Alba Bruant. *Japonais incurvé.* — Blanc pur.
Africaine I. *Japonais.* Rouge sang velouté à revers or.
Allard Baulu, — *Japonais incurvé.* — Mauve pâle, revers argenté.
Biva (II.). - *Japonais incurvé globuleux.* Blanc à centre soufré.

Blanche Charmet. — *Japonais incurvé*. — Blanc pur.
Blanche Poitevine. — *Japonais*. — Fleur épaisse, blanc pur.
Dufour (Marie). — *Japonais récurvé*. — Blanc pur.
Laplace (Georges). — *Japonais*. — Sport rouge cuivré de "*Rose Poitevine*".
Mytilène. — *Japonais échevelé*. — Lilas de Perse éclairé aux pointes.

Fig. 31. — Plante de marché.

Oubanghi. — *Japonais incurvé au centre*. — Jaune d'or.
Petit Charles. — *Japonais récurvé*. — Mauve rosé.
Petite Élise. — *Japonais*. — Fleur épaisse, blanc pur.
Pourpre Poitevine. — *Japonais récurvé*. — Rouge grenat pourpre.
Reno de Poitiers. — *Japonais*. — Rouge cireux à revers jaune safran.
Rose Chochod. — *Japonais récurvé*. — Rose lilas de Perse.

Rose Poitevine. — *Japonais incurvé*. — Rose brillant.

Rufisque. — *Japonais récurvé*. — Rose vif, centre or.

Souvenir de Louis Courbron. — *Japonais*. — Sport jaune abricot de " Rufisque ".

CHOIX DE VARIÉTÉS

pour la culture des plantes de marché
à la demi-grande fleur

Aviateur Raymond Cornu. — *Japonais incurvé globuleux*. Terre de sienne brûlée à revers jaune soleil.

Cavatine. *Japonais incurvé globuleux*. — Jaune d'ocre.

Brillant. *Japonais*. — Rouge pourpre à revers jaune de chrome.

Cornouaille (La). — *Japonais*. — Blanc de lait légèrement nuancé jaune au centre.

Davis (Mona). *Japonais récurvé*. Larges ligules mauve rosé à revers blanc.

Gévaudan (Le). — *Japonais échevelé*. — Ligules plates, rose lilas de Perse à revers blanc rosé.

Jeanne d'Arc. *Japonais incurvé au centre*. Blanc pur.

Joigny. — *Japonais*. Rouge caroubier à revers jaune citron.

Limoges. *Japonais incurvé au centre*. Jaune de Naples.

Linos. — *Incurvé*. Rouge vineux, à revers vieil or.

Majestic. — *Japonais incurvé*. — Larges ligules relevées aux pointes. Jaune safran nuancé abricot.

Médoc (Le). *Japonais*. — Fleur épaisse à ligules fines et nombreuses, violet mauve pâle.

Morin (Mme Jeanne). — *Japonais*. — Mauve rosé à revers plus clair.

René Albert. *Japonais incurvé*. — Blanc pur.

Souvenir de Charles Foucard. *Japonais incurvé*. — Sport jaune paille de " René Albert ".

Turner (William). — *Japonais incurvé*. Blanc pur.

Tysoe (Mrs H.). *Japonais incurvé*. Sport jaune soufre de " William Turner ".

Fig. — Abri de plantes cultivées à la grande fleur.

PLANTES RUSTIQUES POUR PLEIN AIR

L'emploi du Chrysanthème comme plante à massif tend à se généraliser; c'est un moyen de prolonger jusqu'aux gelées l'agrément des corbeilles, les plantations estivales perdant, sous l'influence des nuits fraîches et des brouillards de septembre, la richesse de leur parure, qui veut, pour briller de tout son éclat, les journées chaudes et ensoleillées de l'été.

Il faut aux variétés que l'on destine à ce but, des qualités multiples. De tenue rigide, les plantes doivent se former tout naturellement, avoir des branches solides, un feuillage abondant, des fleurs s'épanouissant facilement, résistant à la pluie et capables de supporter sans dommage les petites gelées blanches d'automne.

La culture peut s'effectuer en pots comme pour les plantes de marchés, mais il est préférable de la faire en pleine terre. Les plantes sont transplantées deux ou trois fois au cours de la végétation. pour leur donner de l'espace au fur et à mesure de leur développement : à chaque opération la motte est maintenue aussi forte que possible pour éviter de briser les racines. Au moment de la plantation définitive et grâce à ces soins répétés, les plantes ne souffrent pas.

Les pincements sont les mêmes que pour les plantes de marchés, mais à partir d'août c'est le bouton terminal qui se présente. Tous les boutons sont conservés et la floraison sera d'autant plus abondante qu'on aura pincé plus souvent.

CHOIX DE PLANTES RUSTIQUES

Buisson d'or. — *Japonais*. — Sport jaune de " *Pluie d'argent* ".
Gerbe d'or. — *Pompon*. — Jaune.
Pluie d'argent. — *Japonais*. — Blanc pur.
Purpurine. — *Japonais*. — Magenta violacé.
Rose d'argent. — *Japonais tubulé*. — Blanc nacré.
Rufisque. — *Japonais récurvé*. — Rose vif, centre or.
Souvenir de Louis Courbron. — *Japonais*. — Sport jaune abricot de " *Rufisque* ".
Tapis de Neige. — *Japonais*. — Blanc pur.

PLANTES BASSES POUR BORDURES

Les services que rendent ces petites plantes, très naines, comme bordures des massifs à l'automne, méritent qu'on en donne ici la culture. Le parti qu'on en peut aussi tirer pour la vente n'est pas

Fig. 53. — Chrysanthème Rosa Trevena.

à dédaigner, et nous sommes persuadés qu'elles trouveraient un excellent accueil sur les marchés et s'ajouteraient, d'une façon très heureuse, aux différents genres qu'on y rencontre communément.

Ce sont des plantes naines de leur nature, qu'un bouturage tardif et deux ou trois pincements maintiennent très basses. Seules les variétés dites *pompon* et *rustiques* sont employées pour ce mode de culture.

Le bouturage se fait généralement du 5 au 15 mai en pleine terre, sous cloche ou sous chassis à froid ; il faut avoir soin de tenir les boutures bien ombrées, si l'on ne veut pas en compromettre la reprise, qui est rapide : au début de juin elles sont mises en godets et subissent un pincement quelques jours plus tard.

Fin-juin, on rempote, en pots de 11 ou 12 cent. et l'on opère un nouveau pincement. Les pots sont enterrés pour éviter aux plantes une trop grande sécheresse, mais il faut avoir soin d'empêcher les racines de puiser leur nourriture en dehors du pot, car les plantes fatigueraient beaucoup lors de leur arrachage à l'automne, au moment de la floraison. Pour cela, on fait faire de temps en temps au pot un demi tour ; ce mouvement brise les racines qui se seraient affranchies, soit par le trou du pot, soit par dessus le bord, si les plantes sont complétement enterrées.

Point n'est besoin de tuteurage, les plantes conservant un port rigide qui en rend l'emploi très facile.

La floraison a toujours lieu sur boutons terminaux et sans éboutonnage, pour laisser aux plantes la multitude de fleurs qui est un de leurs charmes. Elles sont très résistantes à la pluie, avantage qui permet de les utiliser avec succés pour les garnitures extérieures.

CHOIX DE PLANTES POUR BORDURES

Baronne de Vinols. — *Japonais.* — Magenta.

Bœuf Mme André. — *Japonais.* — Sport mauve clair de " *Baronne de Vinols* ".

Dior (Mme Émilienne). — *Japonais.* — Sport rose brûlé à centre jaune de " *Baronne de Vinols* ".

Gerbe d'or. — *Pompon.* — Jaune.

Gerbe rose. — *Pompon.* — Rose carminé.

Purpurine. — *Japonais.* — Magenta violacé.

Rosa Trevena. — *Pompon.* — Blanc rosé.

Ville d'Avranches. — *Japonais.* — Sport rouge sang passé de " *Baronne de Vinols* ".

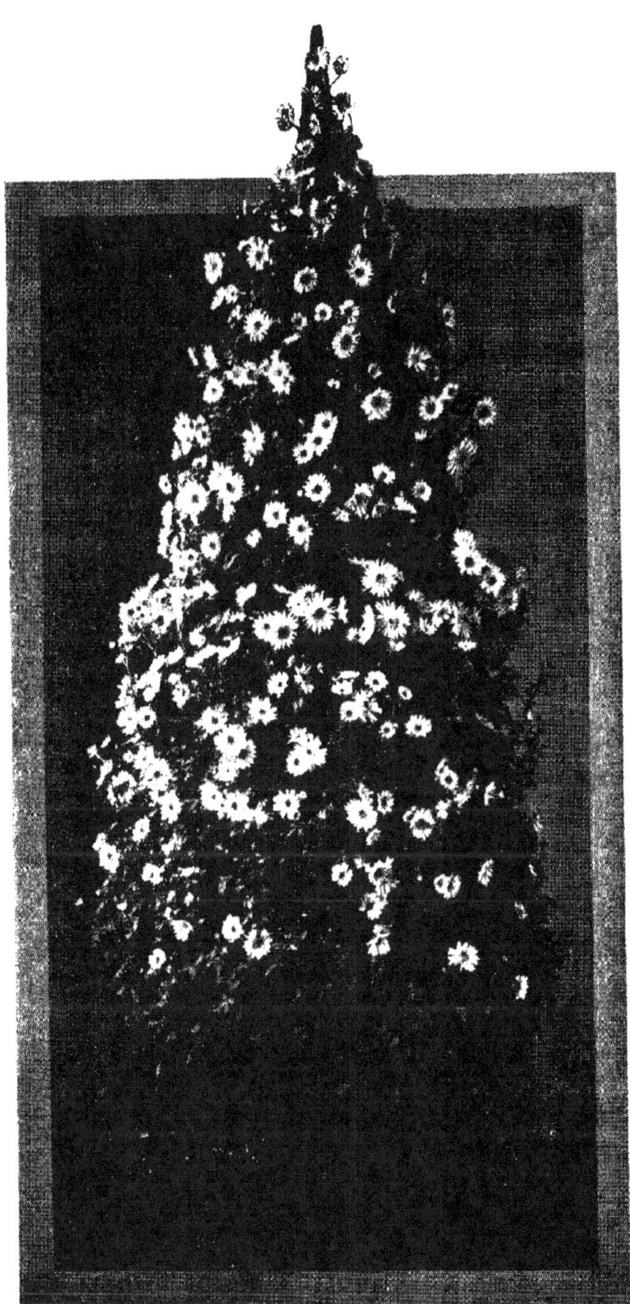

Fig. 54. — Chrysanthème à fleur simple.

CHRYSANTHÈMES A FLEURS SIMPLES

La fleur simple est restée, jusqu'à ces dernières années, la forme sinon dédaignée, tout au moins peu appréciée du Chrysanthème. Nous pensions cependant, malgré le peu de faveur dont ces plantes furent l'objet pendant si longtemps, qu'un jour viendrait où elles prendraient leur revanche et sortiraient des collections où patiemment les chrysanthémistes les conservaient.

Faut-il voir dans ce revirement le déclin du majestueux capitule?... Nous ne le pensons pas. La grosse fleur conservera vraisemblablement la place qu'elle a acquise : mais la mode associera à son triomphe la légèreté et la grâce du rameau de fleurs simples.

Le Chrysanthème à fleur simple fut tenu longtemps à l'écart par un caprice du goût; le Chrysanthème c'était la grosse fleur, très pleine, volumineuse, et on ne concevait pas que ce même nom puisse s'appliquer à la fleur simple avec ses quelques rangées de pétales aux teintes vives, rayonnant autour d'un cœur uniformément jaune.

Il est un mérite, entre beaucoup d'autres, qui plaide puissamment en faveur des variétés de ce groupe et qui à lui seul pourra contribuer à leur diffusion dans tous les jardins : la simplicité de leur culture. Elles n'ont pas de culture spéciale : vous les plantez en avril dans votre jardin, et il faudrait vraiment que la nature du sol soit bien mauvaise pour qu'elles ne puissent y végéter. Comme ce sont des variétés vigoureuses, d'un développement rapide, elles peuvent être pincées deux ou trois fois jusqu'en août, lorsque les tiges ont atteint 15 à 20 cent. de hauteur. Les fleurs simples sont très résistantes à l'humidité ; là où des fleurs pleines seraient abimées et pourriraient sous l'influence de pluies persistantes ou de brouillards, le Chrysanthème à fleur simple n'en est pas incommodé, avantage précieux quand l'on ne dispose pas d'un matériel pour mettre les plantes à l'abri.

Les bonnes variétés dans le groupe des fleurs simples, ne sont pas excessivement nombreuses : la sélection en a été faite dans le but d'obtenir surtout des plantes pour fleurs à couper.

Généralement on ne les éboutonne pas, et le rameau conserve toutes les fleurs qu'il émet : leur épanouissement s'effectue

Fig. 35. — Chrysanthème à fleur simple.

de la façon la plus gracieuse sur la longueur de ce rameau. C'est la floraison sans aucun traitement cultural, et, sous cette forme naturelle, toutes les variétés sont ravissantes.

L'éboutonnage peut s'appliquer aux variétés simples comme aux variétés doubles ; il donne des fleurs atteignant 12 à 15 cent. de diamètre, mais ce traitement n'est vraiment intéressant que pratiqué sur des plantes ayant une prédisposition naturelle à donner de grandes fleurs.

D'une façon générale les variétés simples sont plus rustiques que les variétés doubles à grande fleur et peuvent être conservées en pleine terre pendant l'hiver, en ayant soin de protéger les pieds avec quelques feuilles sèches. Au printemps suivant les pousses sortent nombreuses, et chaque touffe prend un développement considérable. La rusticité de ces Chrysanthèmes permet de les associer, dans les plantations, aux plantes vivaces ; elles remplissent alors très bien le rôle qu'on en attend.

CHOIX DE VARIÉTÉS A FLEURS SIMPLES

Bronze Godfrey. Grande fleur, à nombreux pétales jaune miel.
Ceddie Mason. Rouge cramoisi auréole jaune.
Duckham Gladys. — Blanc pur à centre jaune.
Favori. Rouge cramoisi.
Golden Parasol. — Jaune citron, centre alvéolé légèrement teinté de vert.
Jaunette. — *Alvéolée*. — Jaune de Naples.
Jeannette. — Mauve dégradé blanc à la base des ligules.
Metta. - Magenta, auréole blanche.
Molly Godfrey. — Grande fleur à nombreux pétales mauve rosé.
Otter (Mrs Mary. — Jaune soufre.
Rosine. *Alvéolée*. Blanc lilacé dégradé à la base des ligules.

Fig. 36. — Chrysanthème japonais tubulé, Tokio.
Spécimen greffé sur Anthemis, présenté à l'Exposition de Chrysanthèmes, Paris, Novembre 1907
par Vilmorin-Andrieux et Cie.
Cette plante mesurait 10 mètres de circonférence et portait 738 fleurs de 8 à 12 centimètres de diamètre.

GREFFAGE DU CHRYSANTHÈME SUR ANTHÉMIS

Le greffage du Chrysanthème sur Anthémis ne s'emploie que pour obtenir des sujets à grand développement ou pour réunir plusieurs variétés sur la même plante. Ce greffage s'effectue sur des Anthémis ayant de trois à cinq ans.

Les variétés d'Anthémis se prêtent toutes à cette utilisation, mais la plus généralement employée est l'*A. Comtesse de Chambord*, variété vigoureuse, à forte végétation, à bois épais et solide.

Les Anthémis doivent être préparés un an avant le greffage ; il faut en effet équilibrer la ramification de la plante avec beaucoup de soins pour répartir la sève d'une façon bien régulière. Les branches inutiles sont supprimées pour laisser davantage de place et d'air à celles qui seront conservées.

C'est pendant la deuxième quinzaine de mars que doit être opéré le greffage. La plante, placée dans une serre, privée d'air, sera rabattue sur le bois tendre de l'année précédente ; la greffe en fente avec ligature de laine est la plus recommandable. Des bassinages fréquents entretiendront l'humidité indispensable à la reprise des greffes qui sera complète au bout de 15 à 20 jours. On les habituera graduellement à l'air et quelques jours plus tard la plante pourra être mise dehors.

Il est indispensable d'avoir des greffons vigoureux et bien égaux de taille ; pour cela on devra bouturer au début de février les variétés que l'on désire greffer, et employer comme greffons les têtes de ces boutures.

TABLE DES MATIÈRES

3125-10-20. — Imp. Villain et Bar, 22, rue Dussoubs, Paris.